BIBLIOTHÈQUE RURALE

CATÉCHISME

AGRICOLE.

BRUXELLES,
Rue de la Montagne, n° 51

H. TARLIER,
éditeur.

CATÉCHISME AGRICOLE.

BRUXELLES. — TYP. DE J. VANBUGGENHOUDT,
Rue de Schaerbeek, 12.

CATÉCHISME AGRICOLE.

NOTIONS TRÈS-ÉLÉMENTAIRES

DES SCIENCES NATURELLES

CONSIDÉRÉES

DANS LEURS RAPPORTS AVEC L'AGRICULTURE;

OUVRAGE

SPÉCIALEMENT DESTINÉ AUX ÉCOLES RURALES,

PAR

VICTOR VAN DEN BROECK,

Docteur en médecine;
professeur de chimie appliquée à l'École des Mines du Hainaut;
membre du Conseil administratif de la Société centrale d'agriculture;
membre de l'Académie royale de médecine, etc.

BRUXELLES,

LIBRAIRIE AGRICOLE DE H. TARLIER,
Éditeur de la Bibliothèque rurale,
RUE DE LA MONTAGNE, N° 31.

1855

PRÉFACE.

—

Un aussi petit livre a-t-il besoin d'une préface ?
cela peut paraître douteux ! Dans le doute, cependant, je ne m'abstiendrai pas, et j'exposerai au
lecteur, le plus brièvement que je le pourrai, les
motifs qui me déterminent à livrer ces humbles
pages à l'impression.

Aujourd'hui que la nécessité de l'enseignement
agricole est admise en principe, sans me préoccuper
de juger les divers systèmes en présence, sans pré-
tendre, surtout, être plus clairvoyant que la
Chambre, dont la dernière discussion n'a pu aboutir,
je vais essayer d'apporter une petite pierre à la
grande œuvre, non pour la couronner, mais pour
l'asseoir. Il y a quelques mois, en séance du conseil
administratif de la Société centrale d'agriculture de

Belgique, dont j'ai l'honneur de faire partie, je crus utile d'émettre un vœu tendant à ce que le gouvernement prît des mesures convenables pour *introduire dans le programme de l'enseignement primaire des données générales sur la science agricole*. Se méprenant, sans doute, sur l'objet de ma proposition, quelques-uns de mes collègues s'y déclarèrent très-opposés. En vain je soutins qu'il ne s'agissait pas d'enseigner aux enfants les *sciences* et l'*agriculture*, comme on semblait le croire, mais seulement de leur donner des *notions excessivement élémentaires à propos des faits et des pratiques dont ils sont témoins chez eux tous les jours*, rien ne put convaincre ces honorables collègues. Ma proposition, néanmoins, fut comprise par la majorité et renvoyée à l'examen d'une commission spéciale dont ce n'est point ici le lieu de discuter la manière de voir. Il suffit que cette commission, comme le dit son rapporteur, fût d'accord avec moi en ce qui concerne la nécessité de livres de lecture agricole à l'usage des établissements d'instruction primaire dans les campagnes.

Mon but, aujourd'hui, est de développer cette idée, ou, pour parler plus exactement, de la rendre féconde en publiant un ouvrage où l'instituteur rural pourra puiser les données scientifiques élémentaires dont il est indispensable, selon moi, qu'il inculque les notions à ceux qu'il dirige. Quelques mots suffiront pour bien exprimer ma pensée.

Que voyons-nous au sein d'une famille ouvrière

dont le chef aspire à laisser à ses enfants une profession honorable et dans laquelle il puisse les
guider?

Peu à peu, à mesure qu'ils grandissent, ces
enfants aident leur père et deviennent ses premiers
apprentis; débutant par les travaux les plus faciles
et les plus en rapport avec les facultés de leur âge,
ils parcourent successivement toutes les phases du
métier qui alimente et soutient la famille, et cela
sans le savoir, sans se rendre un compte bien net
de leur système d'éducation. Ce qui se passe chez
l'artisan se reproduit dans les contrées industrielles, où l'on voit, au grand dommage de leur
corps et de leur esprit, où l'on voit, dis-je, les
enfants de douze, de dix, de neuf ans même, descendre dans la houillère ou entrer à l'atelier! Qu'y
vont-ils faire, sinon s'initier aux exigences du labeur
auquel l'avenir les condamne? On le voit donc,
l'instruction professionnelle de l'ouvrier a ses
racines dans l'enfance même de celui-ci.

Pourquoi en serait-il autrement pour les fils des
cultivateurs? Il est vrai qu'ici ce serait rarement le
père qui pourrait instruire sa progéniture, et la
raison en est simple. Les travaux de l'agriculture
pratique sont généralement pénibles et hors de
toute proportion avec les forces de l'enfant; ensuite,
ils ne sont pas, comme ceux qui s'effectuent dans
un atelier, susceptibles de s'exécuter sans dépla-
cement; enfin, et c'est malheureusement aussi
exact que déplorable, le cultivateur lui-même se

rend à peine compte de ce qu'il fait, et serait souvent bien embarrassé s'il devait raisonner sa besogne.

Pour tous ces motifs, dont personne, je crois, ne contestera la justesse, c'est à l'instituteur primaire qu'il appartient, dans les communes rurales, d'enseigner au fils du cultivateur les notions *excessivement élémentaires* de sa profession future. Seulement, il procédera d'une autre manière que l'ouvrier industriel : ne pouvant rompre le corps de l'enfant à un travail matériel que sa nature physique ne saurait supporter, il cherchera à assouplir son esprit et à diriger celui-ci vers la conception des choses dont la vie agricole offre tous les jours des applications. Je pourrais fournir mille exemples pour appuyer mon dire; quelques-uns suffiront :

Peut-on soutenir qu'il soit difficile de faire concevoir à un enfant, n'eût-il qu'une dizaine d'années, que parmi les plantes il en est d'*utiles* et de *nuisibles*; que les premières seules sont *cultivées* et que les secondes doivent être arrachées ou détruites, afin qu'elles ne puissent détourner à leur profit la *nourriture* des autres? Ne peut-on prouver à l'enfant, en brûlant une *tige*, une *feuille*, une *racine*, qu'il existe dans les végétaux une matière *combustible* et *volatile* qu'ils puisent presque en totalité dans l'air, et des *cendres*, substances *fixes* qui proviennent exclusivement du sol? Est-il impossible de faire entrer dans une jeune intelligence les pre-

mières notions relatives aux divers terrains cultivables, *sablonneux, argileux, calcaires;* de lui
faire comprendre qu'il est indispensable de recueillir les engrais et de les soustraire aux grandes
pluies qui les *lavent*, comme aux rayons d'un
soleil ardent qui les *dessèchent?* En vérité, je ne
concevrais point qu'on pût méconnaître la haute
utilité de principes semblables, comme moyens
d'intéresser l'enfant aux travaux qu'il doit accomplir un jour et qu'il accomplira d'autant mieux
qu'il s'en expliquera l'opportunité! Je ferai remarquer, au reste, à mes contradicteurs, que je n'ai
jamais dit qu'il fallait établir dans les écoles primaires des chaires spéciales pour répondre aux
exigences de cet enseignement. Ce que je prétends
être indispensable, c'est que l'instituteur rural, par
des lectures et par des développements verbaux
destinés à compléter le texte du livre, puisse incul-
quer à ses élèves les principes rudimentaires de la
science agricole, considérée dans ses rapports avec
la pratique usuelle. Je ne demande pas qu'il leur
débite des théories transcendantes, rehaussées
encore par les magnificences du langage; qu'il leur
parle *patois*, s'il le veut, mais qu'il se fasse comprendre et qu'il se mette à la portée de ces intel-
ligences un peu obtuses au premier abord, mais
plus ouvertes et plus vives qu'on ne le croit généralement.

En publiant ce petit livre, c'est donc aux instituteurs que je m'adresse en premier lieu; c'est à

leur dévouement que je confie la pensée qui me guide et le soin d'expliquer verbalement à leurs élèves ce qui n'aurait point été nettement saisi par eux.

Il faut qu'à côté de la phrase imprimée, toujours plus ou moins aride, il y ait un complément oral qui transforme, au besoin, la pensée de l'auteur, soit en l'étendant, soit en la restreignant. Une autre part est encore laissée au jugement de l'instituteur : il doit choisir, parmi les principes que renferment ces pages, ceux qui peuvent être soumis, tels que je les expose, à ses divers élèves, et cela d'après l'âge qu'ils ont et surtout d'après l'intelligence dont ils font preuve. Je n'ai pu, on le concevra sans peine, satisfaire à la fois aux conditions opposées que réclameraient nécessairement des aptitudes différentes, et pour ne pas rester au-dessous des exigences de mon œuvre, j'ai dû supposer chez ceux pour lesquels j'écris les dispositions les plus favorables. Je le répète, c'est au maître qu'il appartient de juger s'il doit ou non livrer aux méditations de ses disciples toutes les données de l'ouvrage et tous les développements qu'elles comportent, car lui seul peut faire à chacun de ceux qu'il dirige, et suivant ses mérites, la juste répartition de ce qu'il est apte à concevoir.

Je désire que cette mission soit bien comprise et acceptée par les instituteurs chargés de l'enseignement dans les écoles rurales, et si mes vœux, sous ce rapport, sont exaucés, ces humbles fonctionnaires de l'État ajouteront à la somme immense des services qu'ils rendent, celui de détruire dans nos campagnes, encore sous le joug de la routine, bien des croyances fautives et bien des préjugés trompeurs.

CATÉCHISME

AGRICOLE.

CHAPITRE PREMIER.

Des végétaux, de leur développement et de leurs conditions d'existence.

PREMIÈRE QUESTION. — *Qu'est-ce que l'agriculture ?*

RÉPONSE. — C'est l'art de cultiver la terre.

2ᵐᵉ Q. — *Quel but l'agriculteur se propose-t-il ?*

R. — Celui de faire produire à la terre le plus possible, avec le moins de dépenses, et de manière, cependant, que le sol demeure constamment en bon état.

3ᵐᵉ Q. — *Comment, en général, faut-il s'y prendre pour que ces résultats puissent être atteints ?*

R. — 1° Il faut connaître la nature du terrain et savoir à peu près ce qu'il renferme et, par conséquent, ce qu'il pourra céder aux plantes.

2° Il faut, autant que possible, choisir les végétaux qui ont, surtout, besoin des principes contenus dans les terrains où on les fait venir.

3° Il faut donner à la terre, sous forme d'*engrais* ou d'*amendements* (*voir* Q. 30 et 31) les éléments qui lui manquent et, après la récolte, lui restituer ceux qui lui ont été enlevés par les plantes.

4° Il est indispensable d'accorder à la terre les soins, le travail et la surveillance qu'elle réclame. Voilà pourquoi un cultivateur qui veut prospérer ne doit pas se charger, par ambition, d'une culture plus étendue que ses moyens ne le lui permettent.

4ᵐᵉ Q. — *Peut-on faire venir toutes les espèces de plantes dans toutes les espèces de terrains ?*

R. — Non, sans doute, au moins en bonne agriculture ; car souvent il faudrait dépenser, pour obtenir une récolte dans un terrain qui ne lui convient pas, plus d'argent que la récolte elle-même n'en pourrait produire, et, de cette façon, le cultivateur, au lieu d'avoir du profit, se trouverait en perte.

5ᵐᵉ Q. — *Quelles sont les conditions générales d'une bonne récolte ?*

R. — Ce sont les suivantes :

1° Il faut que le végétal trouve abondamment dans le sol et dans l'air, où il les puise par ses racines et par ses feuilles, *tous les éléments nécessaires au développement de chacun de ses organes. Cette condition dépend du cultivateur.*

2° Il faut que les circonstances extérieures soient suffisamment favorables ; ces circonstances sont : la chaleur, la sécheresse, le froid, la gelée, la pluie, la neige, la grêle, le vent. La volonté de l'agriculteur n'a aucune influence directe sur la production de ces phénomènes ; tout ce qu'il peut faire, c'est de les prévoir et de régler ses cultures suivant les probabilités qui résultent des observations et du cours naturel des saisons.

3° Il est essentiel d'empêcher que la nourriture réservée à la plante que l'on cultive ne tourne au profit des végétaux parasites ; il faut donc détruire ceux-ci le plus complétement possible. Tous les cultivateurs reconnaissent l'utilité des sarclages effectués avec soin et en temps convenable.

6ᵐᵉ Q. — *Qu'est-ce qu'une plante ?*

R. — C'est un être organisé, vivant, caractérisé par l'absence de tout mouvement volontaire, qui naît, croît et meurt à la surface du sol auquel il tient plus ou moins par ses racines.

7me Q. — *Quelles sont les parties de la plante qui servent particulièrement à sa nutrition?*

R. — Ce sont : 1ª les *racines* qui puisent les éléments nutritifs que renferme le sol; 2ª les *feuilles* qui absorbent à l'air les principes qu'il contient et qui peuvent être utiles à l'accroissement du végétal. La tige et les autres parties vertes concourent également à ce dernier travail d'assimilation.

8me Q. — *Qu'est-ce qu'une racine?*

R. — C'est un organe essentiel à la nutrition de la plante, qu'il termine inférieurement en prenant une direction presque constamment opposée à celle de la tige; c'est-à-dire que la *racine* s'enfonce dans la terre, tandis que la *tige* s'élève ordinairement dans l'air. Il existe quelques végétaux qui vivent dans l'eau et dont les racines sont flottantes; il en est d'autres, enfin, dont les racines s'implantent soit dans les fentes des rochers et des vieux murs, soit dans les racines et le tronc de certaines plantes qu'ils épuisent à leur profit.

9me Q. — *Quelles sont les parties dont se compose la racine?*

R. — Ce sont : 1ª le *collet*, point de démarcation entre la racine et la tige;

2ª Le corps, plus ou moins ferme et consistant et dont la forme est variable ainsi que le volume ;

3ª Les *radicelles* ou le *chevelu*, fibres plus ou moins nombreuses et déliées qui terminent ordinairement la racine. Cette partie est celle qui est surtout chargée de puiser dans le sol les éléments qu'il renferme; elle est, en général, d'autant plus développée que le terrain où croît la plante est plus meuble et plus humide.

10me Q. — *Qu'appelle-t-on feuilles?*

R. — On désigne sous ce nom les expansions qui croissent sur la tige ou sur ses ramifications; la couleur des feuilles est, le plus ordinairement, verte. Leur forme et leur grandeur varient selon les végétaux qui les portent.

11me Q. — *Quelles sont les fonctions des feuilles?*

R. — Elles sont des plus importantes pour l'accroissement et la vie du végétal ; elles aspirent et pompent dans l'air les éléments nutritifs qu'il renferme et les modifient de façon que la plante puisse les retenir en tout ou en partie. Outre cette fonction d'assimilation, les *feuilles* en remplissent une autre aussi essentielle : elles expulsent du végétal certains principes qui seraient de nature à en compromettre l'existence.

12me Q. — *Qu'est-ce que la sève?*

R. — C'est un liquide plus ou moins épais qui contient, dissous dans une grande quantité d'eau, les différents principes puisés dans le sol par les racines des plantes. Exemple : les pleurs de la vigne au printemps.

13me Q. — *Quelles sont les fonctions de la sève?*

R. — Elle sert à la nutrition et à l'accroissement de la plante. Elle monte d'abord depuis les racines jusqu'aux parties les plus élevées du végétal et pénètre dans les feuilles. Pendant ce trajet, elle cède à chaque organe ce qui lui est convenable parmi les éléments qu'elle renferme, et entraîne avec elle ce qui est devenu inutile aux parties qu'elle traverse. C'est là ce qu'on appelle la *sève ascendante*. Parvenue au sommet de la plante, elle descend entre l'écorce et le bois pour revenir aux racines ; on la nomme alors *sève descendante*.

14me Q. — *Peut-on démontrer l'existence de la sève descendante?*

R. — Cette démonstration est aisée, car il suffit de serrer fortement la tige d'un arbre au moyen d'une ligature non élastique, pour voir, quelque temps après, cette tige se gonfler et un bourrelet se produire supérieurement à la ligature, la partie inférieure de la tige conservant son diamètre primitif.

15ᵐᵉ Q. — *Qu'appelle-t-on respiration des plantes et comment s'effectue cette fonction?*

R. — J'ai déjà dit que les feuilles et les parties vertes puisent dans l'air certains éléments gazeux nécessaires à la nutrition de la plante. Une fois absorbés, ces éléments sont modifiés : le végétal garde ce qui lui convient et rejette le reste. Ce phénomène, qui ressemble beaucoup à la *respiration* de l'homme et des animaux, diffère notablement selon qu'il s'accomplit à la *lumière* du jour ou dans l'obscurité. Pendant le jour, la respiration des plantes assainit l'air en lui enlevant un gaz (l'acide carbonique — *voir* Q. 68 et 111) qui est nuisible à l'homme et aux animaux ; la nuit, c'est le contraire qui arrive. Voilà pourquoi il est dangereux de coucher dans une chambre fermée où il y a des végétaux en pleine croissance.

16ᵐᵉ Q. — *Les plantes peuvent-elles respirer dans l'eau?*

R. — Oui, de la même manière et aux mêmes conditions que celles qui croissent à l'air libre. Toutes les eaux, et surtout celles où vivent des animaux (poissons, mollusques, insectes), contiennent de l'air et de l'acide carbonique en solution ; d'un autre côté, à moins que l'eau ne soit très-profonde, sa transparence est suffisante pour que la lumière ait un accès facile jusqu'aux feuilles du végétal. Les deux circonstances essentielles pour que la respiration s'effectue se trouvent donc réunies chez les plantes aquatiques.

17ᵐᵉ Q. — *Qu'appelle-t-on excrétions?*

R. — On donne ce nom aux matières qui ne conviennent point aux végétaux et que ceux-ci rejettent. Ce sont surtout les racines qui sont chargées de ces fonctions.

18ᵐᵉ Q. — *Comment se fait, généralement, l'accroissement des végétaux?*

R. — Je ne parlerai que de l'accroissement en *hauteur* et en *diamètre*.

Le premier a lieu par le développement du *bourgeon* qui termine la tige de la plupart des plantes de nos contrées : chaque année, une nouvelle pousse s'élève du bourgeon terminal. Il est des arbres, le sapin, par exemple, où cet accroissement est des plus manifestes.

Quant à l'augmentation en *diamètre*, je n'en parlerai que pour les *troncs* des arbres. La séve descendante, dont j'ai parlé déjà, se répand chaque année sous l'écorce ; ce qui donne naissance à une nouvelle couche d'*aubier* (faux bois) : l'ancienne couche de celui-ci se transforme en *bois*.

Tous les ans, il se forme donc une couche de bois ; de sorte qu'il est possible, en coupant transversalement un arbre au niveau du sol, de connaître son âge par le nombre de ces couches.

19ᵐᵉ Q. — *Comment s'effectue la fécondation des plantes?*

R. — Les *fleurs* renferment des organes appelés sexuels ; ceux-ci, par un phénomène particulier qui constitue la *fécondation*, donnent lieu à la formation du *fruit*, lequel devient de plus en plus gros et sert à conserver la *graine*. Lorsque le développement du fruit est complet, on dit qu'il est mûr.

20ᵐᵉ Q. — *Qu'est-ce que la germination?*

R. — C'est l'acte constitué par le développement des parties de la graine, dont les unes servent de premier aliment aux autres, en attendant que la jeune plante puisse elle-même tirer sa nourriture de l'atmosphère et du sol.

21ᵐᵉ Q. — *Quelles sont les conditions nécessaires à la germination?*

R. — La fécondation, l'eau, l'air, et un degré de chaleur convenable.

22ᵐᵉ Q. — *La lumière est-elle nécessaire à la germination?*

R. — Pas absolument ; elle la ralentit le plus souvent.

et les graines germent plus promptement dans l'obscurité qu'à la lumière du soleil : celle-ci ne devient indispensable que lorsque la jeune plante commence à se développer et à vivre par elle-même.

23me Q. — *La terre est-elle une condition essentielle de la germination ?*

R. — Non, car on peut fort bien faire germer des graines sur une feuille de papier, sur une éponge, en ayant soin de maintenir humides les surfaces de ces corps. Mais à mesure que le germe se développe, le sol devient un élément nécessaire dans lequel la plante trouve les matériaux nutritifs qui lui sont indispensables.

24me Q. — *Qu'appelle-t-on terre labourable ?*

R. — On donne ce nom à l'ensemble des débris plus ou moins divisés résultant de l'altération des pierres et des roches, altération produite par le temps et par le contact de l'air et de l'eau. (*Voir* composition des sols, Q. 193 et suivantes.)

25me Q. — *En quoi les labours sont-ils utiles ?*

R. — 1° En divisant la terre ;

2° En multipliant à l'infini les surfaces qui sont en contact direct avec l'air atmosphérique, l'acide carbonique qu'il contient, et les eaux de pluie qui s'y forment ;

3° En détruisant les mauvaises herbes et en enfouissant les engrais. L'ameublissement du sol par les moyens mécaniques dont dispose l'agriculture a, en outre, l'avantage de rendre le terrain plus perméable, moins résistant, et de permettre aux racines de se développer à l'aise.

Au reste, nous verrons plus tard quelles sont toutes les conditions essentielles que doit offrir la terre cultivable.

26me Q. — *Que nomme-t-on jachère ?*

R. — On donne ce nom à cette période de la culture où on laisse la terre en repos, c'est-à-dire sans y rien cultiver ni récolter.

27me Q. — *La jachère fait-elle partie d'un bon système
de culture?*

R. — Non, ou du moins très-rarement. Il est facile
de comprendre que pendant qu'elle se repose, la terre ne
produit rien, tandis qu'elle coûte cher au fermier qui la
soigne, surtout quand il doit en payer le loyer.

28me Q. — *Qu'appelle-t-on assolements?*

R. — Ils constituent le système par lequel l'agriculteur peut tirer du même terrain, *sans l'épuiser absolument*, plusieurs récoltes successives de végétaux différents, qu'il fait *alterner*, suivant la différence ou la
quantité des substances minérales que chacun d'eux
enlève au sol pour croître et se développer. (*Voir* chapi-
tre Assolements.)

29me Q. — *La terre peut-elle produire indéfiniment
de belles récoltes?*

R. — Oui, si on la maintient dans un état convenable,
en satisfaisant aux conditions exprimées dans la réponse
à la troisième question.

30me Q. — *Qu'est-ce qu'un engrais?*

R. — A la rigueur, on peut appliquer cette dénomination à toute substance solide, liquide ou gazeuse,
susceptible de servir d'aliment aux plantes, ou de leur
céder quelques-uns de ses principes utiles à leur développement.

31me Q. — *Qu'est-ce qu'un amendement?*

R. — C'est une substance qui améliore le sol en le
rendant plus propre à la culture. Exemple : le sable est
un amendement pour les terres trop fortes et trop dures;
la terre glaise est un amendement pour les terres qui
n'en contiennent pas assez.

32me Q. — *Qu'appelle-t-on engrais naturels?*

R. — On donne ce nom aux engrais qui se produisent
naturellement ou *nécessairement*, c'est-à-dire dont on ne
pourrait pas empêcher la formation. Exemples :

Les gazons qu'on retourne ;

Les fumiers des animaux ;

Les excréments de l'homme ;

Les boues des villes, etc.

33me Q. — *Que nomme-t-on engrais artificiels?*

R. — Tous ceux qui ne se produisent pas nécessairement et qu'on est obligé de fabriquer. Exemples :

Le sang *desséché* ;

Le charbon d'os ;

Les chiffons de laine ;

Les divers mélanges de substances fertilisantes.

34me Q. — *Par quels règnes de la nature sont fournis les engrais des deux catégories?*

R. — Les trois règnes concourent à les produire ;
ainsi, par exemple :

Le règne *animal* fournit
- le sang.
- la chair.
- les débris de peau.
- les entrailles.
- les excréments.
- les chiffons de laine, etc.

Le règne *végétal* fournit
- les végétaux qu'on enfouit.
- les mousses.
- les feuilles.
- la paille des litières.
- les mauvaises herbes.
- les cendres de bois.
- la suie, etc.

Le règne *minéral* fournit
- la craie.
- l'argile.
- le plâtre.
- les cendres de houille.
- la tourbe.
- la marne, etc.

35me Q. — *Quels sont les principes que doivent renfermer les engrais?*

R. — Tous ceux que *l'air* et le *sol* ne sont point en
mesure de fournir aux végétaux. Ces principes sont assez

nombreux et doivent être présentés aux plantes sous certaines formes. Ces conditions seront indiquées, avec les détails convenables, aux articles FUMIERS, ENGRAIS ARTIFICIELS, ORIGINES DES ÉLÉMENTS DES PLANTES, ETC.

36ᵐᵉ Q. — *Quelle est la meilleure méthode de se procurer des engrais?*

R. — C'est de nourrir et d'élever des bestiaux, et, pour cela, d'avoir suffisamment de terres cultivées en prairies. Les pâturages sont, en quelque sorte, les points de départ de la richesse agricole. En effet, avec des prairies on a du bétail, avec le bétail des engrais, et avec les engrais du blé. L'homme a donc, dans ce cas, les deux éléments les plus prochainement utiles à son développement et à son bien-être, savoir : le *blé* et la *viande*.

37ᵐᵉ Q. — *Dans quel but l'agriculteur cultive-t-il les plantes?*

R. — Dans celui d'en utiliser les différentes parties et spécialement quelques-unes d'entre elles. Ainsi, par exemple : des céréales, il recueille la graine et la paille; du tabac, la feuille; de la betterave, la racine, etc., etc.

38ᵐᵉ Q. — *Les parties des végétaux non susceptibles d'être vendues, sont-elles dépourvues d'utilité?*

R. — Non, sans doute : les parties qui ne sont point marchandes retournent à la terre où on les enfouit, et constituent des engrais plus ou moins énergiques. C'est ainsi que les feuilles de la betterave et la verdure des pommes de terre sont abandonnées sur les champs, où elles se décomposent et servent de fumure jusqu'à un certain point.

39ᵐᵉ Q. — *Quelles sont les conditions d'une bonne récolte?*

R. — Ce sont les suivantes :

1° Il faut que le végétal trouve abondamment dans le sol et dans l'air, où il les puise par ses racines et par ses feuilles, *tous les éléments nécessaires au développement*

de chacun de ses organes. Cette condition dépend du culti-
vateur.

2° Il faut que les circonstances extérieures soient suffisamment favorables ; ces circonstances sont : la chaleur, la sécheresse, le froid, la gelée, la pluie, la neige, la grêle, le vent. La volonté de l'agriculteur n'a aucune influence directe sur la production de ces phénomènes ; tout ce qu'il peut faire, c'est de les prévoir et de régler ses cultures suivant les probabilités qui résultent des observations et du cours naturel des saisons.

3° Il est essentiel d'empêcher que la nourriture réservée à la plante que l'on cultive ne tourne au profit des végétaux parasites ; il faut donc détruire ceux-ci le plus complétement possible. Tous les cultivateurs reconnaissent l'utilité des sarclages effectués avec soin et en temps convenable.

CHAPITRE II.

Considérations physiques et météorologiques applicables à l'agriculture.

40me Q. — *Qu'est-ce que la chaleur ?*

R. — C'est un fluide ou une matière dont on ne connaît pas la véritable nature. La chaleur n'a pas de poids, car un morceau de fer, qu'il soit froid ou rougi au feu, pèse également. La chaleur émane surtout du soleil ; mais nous verrons plus loin que d'autres circonstances peuvent la produire.

41me Q. — *Tous les corps ont-ils de la chaleur ?*

R. — Oui, même les plus froids. Exemple : deux

morceaux de glace se fondent quand on les frotte vivement l'un contre l'autre.

42ᵐᵉ Q. — *Comment la chaleur agit-elle sur les corps?*

R. — Le premier effet qu'elle produise, c'est d'augmenter le volume du corps, c'est-à-dire de le rendre plus long ou plus gros. Exemple : si une balle en fer, quand elle est froide, passe *tout juste* dans l'anneau d'une clef, la même balle, rougie dans le feu, ne saura plus passer par le même anneau ; en se refroidissant, elle revient, peu à peu, aux mêmes dimensions qu'avant.

La chaleur poussée à un certain degré peut changer l'état des corps. Exemple : si on prend de la glace, c'est-à-dire de l'eau *solide*, et qu'on la chauffe un peu, elle fournit de l'eau *liquide*; si ensuite on met celle-ci dans un vase au-dessus d'un foyer, elle finit par bouillir et se transforme en vapeur, c'est-à-dire en eau *gazeuse*. On voit que la chaleur seule a produit ces changements de forme. On confirme aisément cette démonstration en opérant en sens inverse. Exemple : si on dirige de la *vapeur* d'eau dans une bouteille *froide*, on voit bientôt cette vapeur qui, en se refroidissant, redevient de l'eau *liquide*; si, ensuite, on expose cette même eau à la gelée, elle se durcit, et forme de la glace, c'est-à-dire de l'eau *solide*.

43ᵐᵉ Q. — *La chaleur peut-elle modifier ainsi tous les corps?*

R. — En principe, oui ; en application, non. Ainsi, il est des corps qu'aucun degré de chaleur connu ne peut ni liquéfier ni réduire en vapeur: le *diamant*, par exemple. Il en est d'autres qu'on peut fondre, mais qu'on ne saurait rendre gazeux ; exemple : le *fer*. Cette impuissance est due à l'impossibilité où nous sommes de produire, dans nos fourneaux, l'énorme température qui serait nécessaire pour déterminer ces transformations.

44me Q. — *Quelles sont les principales sources de la chaleur?*

R. — Les voici :

1° Le *soleil.*

2° Le *frottement.* Exemple : quand on frotte vivement la tête d'un clou sur une planche, le clou s'échauffe et devient brûlant.

3° Le *choc.* Exemple : quand on bat avec un gros marteau une barre de fer, elle s'échauffe.

Les *actions chimiques.* Exemple : quand du charbon ou du bois brûlent, quand du *fumier* fume, etc.

45me Q. — *Que faut-il pour que le bois et le charbon puissent brûler?*

R. — Il faut que l'air puisse arriver jusqu'à eux. Si l'on empêche complétement l'accès de l'air dans un foyer, le feu s'éteint.

46me Q. — *Qu'est-ce que l'air?*

R. — C'est un corps gazeux, invisible, transparent, sans goût, sans odeur, qui entoure toute la terre et dans lequel, par conséquent, les hommes et les animaux sont plongés. Les anciens l'appelaient l'*aliment de la vie*, et ils avaient raison, car l'air est indispensable à l'existence de tous les êtres vivants. (*Voir* Q. 105 et suivantes.)

47me Q. — *Qu'est-ce que le froid?*

R. — C'est un degré relativement moindre de chaleur. Un corps froid peut, dans certaines circonstances, paraître chaud, et réciproquement. Exemple : l'air d'une cave profonde semble froid en été et chaud en hiver; et cependant sa température est sensiblement la même dans les deux saisons.

48me Q. — *Comment mesure-t-on les degrés de chaleur ou de froid?*

R. — Au moyen d'un instrument qu'on appelle *thermomètre.* Il monte plus ou moins quand il fait chaud, et descend plus ou moins quand il fait froid. (Il est indispensable de démontrer cela pratiquement à l'élève.)

49ᵐᵉ Q. — *Qu'est-ce que la gelée?*

R. — C'est un abaissement de la température atmosphérique suffisant pour faire passer l'eau de l'état liquide à l'état solide, c'est-à-dire pour la congeler. La température de la glace fondante correspond au zéro de l'échelle thermométrique ordinaire.

50ᵐᵉ Q. — *Pourquoi la gelée est-elle nuisible à certaines plantes et à certains fruits?*

R. — Parce que la *sève* ou le *jus*, en durcissant, déchirent plus ou moins les tissus de la plante ou du fruit. C'est à la même cause qu'est dû le fendillement de certaines pierres pendant les fortes gelées.

51ᵐᵉ Q. — *Qu'est-ce que la pluie?*

R. — C'est le produit du rapprochement des parties d'eau infiniment petites qui constituent les nuages. Les gouttes de pluie sont plus ou moins grosses. L'eau de pluie, surtout quand elle tombe depuis quelque temps, est la plus pure de toutes les eaux que produit la nature.

52ᵐᵉ Q. — *Comment la pluie est-elle utile à la végétation?*

R. — Cette utilité est due à différentes causes :

1° La pluie abaisse la température de l'air et celle du sol, qui, toutes deux, peuvent être trop élevées.

2° Elle pénètre la terre, la délaye, en diminue la dureté, et permet ainsi aux racines de prendre le développement nécessaire à l'accroissement de la plante.

3° Elle dissout les éléments nutritifs que renferme le terrain, et permet ainsi leur absorption par les radicelles et leur passage dans la sève, qui les transporte ensuite dans toutes les parties du végétal.

4° Elle remplace la quantité d'eau que la plante a perdue par les racines et par l'évaporation qui, pendant les temps de sécheresse, se produit à la surface des feuilles.

53me Q. — *Comment les pluies trop abondantes peuvent-elles être nuisibles à la végétation?*

R. — Les pluies trop abondantes ou d'une trop longue durée peuvent nuire aux récoltes :

1° En submergeant en quelque sorte les racines et en mettant ainsi obstacle à l'absorption de l'air par le sol.

2° En abaissant trop la température du terrain.

3° En empêchant la fermentation normale et la décomposition des engrais, qui doivent fournir aux plantes une partie des éléments nécessaires à leur nutrition.

4° En dissolvant et en entraînant hors de la portée des racines les principes solubles que renferment le sol et les engrais qui y sont enfouis.

5° En déterminant la fermentation putride, c'est-à-dire la pourriture, des racines ou des semences qui ont été confiées à la terre.

54me Q. — *Qu'est-ce que la neige?*

R. — C'est de la pluie congelée par un abaissement suffisant de la température dans les régions élevées de l'atmosphère. La quantité de neige qui tombe peut être très-variable.

55me Q. — *La neige peut-elle être utile à la végétation?*

R. — Oui, d'une manière indirecte, et en protégeant la surface du sol qu'elle recouvre contre des variations trop brusques de température, qui, pour certaines plantes, pour le colza par exemple, sont extrêmement nuisibles, surtout lorsque le terrain est humide.

56me Q. — *Qu'est-ce que la grêle?*

R. — L'idée la plus simple qu'on puisse se faire des grêlons, c'est de les considérer comme des gouttes de pluie congelées; quant à leur formation, nous n'avons pas à en consigner ici les détails.

57me Q. — *Quels sont les effets de la grêle?*

R. — Ils peuvent être terribles quand les grêlons ont un volume et un poids notables. Alors les récoltes peuvent être plus ou moins abattues et, dans certains cas, complétement détruites et hachées en quelque sorte.

58ᵐᵉ Q. — *Qu'appelle-t-on paragrêles ?*

R. — Le paragrêle est formé d'une perche garnie à son extrémité supérieure d'une verge en laiton. A cette verge s'attache une corde en paille de 15 lignes de diamètre au moins, ayant à son centre un fil de laiton ou même de fer. Cette corde descend le long de la perche et s'enfonce dans le sol à trois ou quatre pieds. Les points les plus élevés sont les plus avantageux pour y placer les paragrêles ; les sommets des arbres, les collines, les maisons sont choisis de préférence. Leur effet consiste à soutirer l'électricité des nuages orageux et à prévenir ainsi la formation de la grêle ; ce sont donc de véritables paratonnerres. Il est prouvé que des terrains ainsi protégés par un nombre suffisant de paragrêles, n'ont reçu que de la neige alors que les champs voisins étaient complétement ravagés.

59ᵐᵉ Q. — *Qu'appelle-t-on nuages ?*

R. — Ce sont des masses de vapeurs aqueuses qui se condensent dans les régions élevées de l'atmosphère et qui se séparent de l'air qui les a pompées à la surface de la terre et des eaux. Ces vapeurs, en se condensant, affectent la forme de vésicules creuses : c'est pour cette raison qu'elles sont si légères et qu'elles se maintiennent en suspension dans l'air jusqu'à ce qu'une cause quelconque en détermine la précipitation sous forme de pluie ou de neige. Les nuages obéissent à l'impulsion des vents qu'ils rencontrent et sont entraînés par eux avec une vitesse proportionnelle à celle du vent.

60ᵐᵉ Q. — *Qu'appelle-t-on brouillards ?*

R. — On peut les considérer comme étant des nuages très-bas. Les brouillards qui se remarquent aux environs des marais et des étangs sont généralement malsains et donnent souvent la fièvre à ceux qui s'y exposent.

61me Q. — *Qu'est-ce que la rosée?*

R. — On appelle ainsi la vapeur d'eau qui, pendant les nuits sereines, se condense, sous forme de gouttelettes, sur les plantes et autres objets recouvrant la surface du sol. La formation de la rosée n'a pas lieu si le ciel est couvert.

62me Q. — *Qu'appelle-t-on gelée blanche?*

R. — C'est la rosée congelée pendant les nuits sereines et fraîches.

63me Q. — *Qu'est-ce que le vent?*

R. — C'est un courant d'air, plus ou moins rapide, dont la direction varie souvent; les vents transportent les nuages. En Belgique, le vent de l'est est généralement sec, celui du nord froid, celui du midi chaud, et celui de l'ouest humide.

64me Q. — *Peut-on se servir du vent?*

R. — Oui, pour faire tourner des moulins et pour faire avancer des bateaux.

65me Q. — *Les vents peuvent-ils être nuisibles à la végétation?*

R. — Oui, directement et indirectement: directement, quand ils sont violents et susceptibles de courber ou de briser les plantes; indirectement, quand ils influent sur la température. Exemple: le vent du nord arrête quelquefois la végétation par le froid qu'il amène, etc., etc.

66me Q. — *Les vents sont-ils nécessaires au développement des plantes?*

R. — Oui; en remuant l'air, ils permettent aux végétaux de mieux aspirer les éléments qui leur conviennent et qui ne se trouvent dans l'air qu'en très-faibles proportions.

67me Q. — *Qu'est-ce que la lumière et quelles en sont les sources?*

R. — La *lumière* naturelle émane du soleil et des étoiles. La lune n'est lumineuse que parce qu'elle est éclairée par le soleil. La lumière artificielle résulte de la combustion de la houille, du bois, de l'huile, du suif, sous l'influence de l'air. (*Voir* Q. 45.)

68me Q. — *Quelle influence la lumière peut-elle exercer sur la végétation ?*

R. — C'est sous l'influence des rayons du soleil que les feuilles et les parties vertes absorbent à l'air l'acide carbonique, qui le vicie plus ou moins, et retiennent un de ses éléments (voir Q. 15 et 111), tandis qu'elles rejettent l'autre.

69me Q. — *Est-il besoin que la lumière du soleil tombe directement sur les végétaux ?*

R. — Non; les plantes peuvent, en général, croître fort bien à l'ombre, pourvu que celle-ci ne soit point assez épaisse pour amener l'obscurité. Cependant, dans la plupart des cas, l'influence directe des rayons solaires est une condition excellente et très-favorable au développement prompt et complet des végétaux qui y sont soumis, pour autant, bien entendu, que les autres circonstances nécessaires à la végétation se trouvent également réunies.

70me Q. — *Que deviennent les plantes privées de lumière ?*

R. — Elles s'étiolent, c'est-à-dire qu'elles perdent leur fraîcheur, leur éclat et leur vigueur; les parties vertes s'effilent, jaunissent et s'efforcent de ramper jusqu'aux soupiraux ou aux ouvertures par lesquels filtrent quelques pâles rayons de lumière.

71me Q. — *Qu'est-ce que l'orage ?*

R. — C'est l'ensemble de phénomènes particuliers qui se manifestent dans l'air, au sein de certains nuages qui sont alors chargés d'une matière inconnue qu'on appelle *électricité*.

72me Q. — *Comment se comportent les nuages électrisés ?*

R. — Lorsque la distance qui les sépare n'est pas trop grande, l'électricité la traverse, et il se produit une étincelle appelée *éclair*, tandis que l'ébranlement de l'air donne lieu à un bruit que les échos répètent et que l'on nomme *tonnerre*.

73me Q. — *Quand dit-on que l'orage est tombé?*

R. — Quand l'étincelle ou l'*éclair* qui part d'un nuage orageux vient frapper la terre, une maison, un homme, etc.

Pendant l'orage, l'éclair seul est à craindre; quant au tonnerre, c'est-à-dire au bruit, il est inoffensif, et lorsqu'on l'entend, tout danger immédiat est passé.

74me Q. — *Comment peut-on préserver de la foudre les habitations?*

R. — En les surmontant d'un *paratonnerre*. Cet appareil consiste en une tige de fer pointue, dressée sur le toit de la maison ou de la grange, et communiquant avec la terre ou, mieux, avec un puits, par une corde en fil de fer ou de cuivre.

75mo Q. — *L'orage exerce-t-il une influence directe sur la végétation?*

R. — Cette influence, assez généralement favorable, n'est néanmoins pas très-appréciable. Quand l'orage est accompagné de vent violent, de gros grêlons, de pluies battantes, il peut être très-nuisible aux récoltes.

76me Q. — *Quelles sont les précautions générales à observer pendant les orages?*

R. — Il ne faut se réfugier ni sous les arbres, ni près des meules de grains ou de fourrages, ni dans les églises. Tous ces abris sont dangereux à cause de leur élévation qui les rapproche des nuages électrisés. On doit surtout interdire de sonner les cloches, car l'ébranlement communiqué à l'air provoque puissamment la chute de la foudre.

77me Q. — *Par quel moyen peut-on, plus ou moins, prévoir le temps qu'il va faire?*

R. — En consultant le *baromètre*. C'est un instrument contenant du vif-argent. Lorsque l'air est sec et froid et qu'il va faire beau, le vif-argent monte dans le tuyau en verre qui le renferme ; quand, au contraire, il pleut ou que l'air devient plus humide, le vif-argent descend plus ou moins dans le tube. (Il faut montrer un baromètre à l'élève.)

78ᵐᵉ Q. — *Quels sont les principaux pronostics qui permettent de prévoir les divers changements qui se préparent?*

R. — J'emprunte au *Journal belge des connaissances utiles*, les indications suivantes, résultant de nombreuses observations :

A. Si les étoiles perdent de leur clarté, c'est un signe d'orage.

B. Les couronnes ou cercles blanchâtres qui se montrent autour du soleil, de la lune et des étoiles, sont un signe de pluie.

C. Lorsque au coucher du soleil, des nuages se forment à l'ouest et se colorent en rouge, cela indique assez généralement du vent et un temps sec.

D. Les nuages qui, après la pluie, descendent près de terre et semblent rouler dans les champs, sont un signe de beau temps.

E. S'il survient un brouillard pendant un mauvais temps, il indique que le mauvais temps va bientôt cesser ; mais si le brouillard survient pendant le beau temps, et qu'il s'élève en laissant des nuages, le mauvais temps est certain.

F. Quand l'horizon est sans nuages et que le vent est au nord, on est sûr d'avoir du beau temps.

G. Si, après le vent, il survient une gelée blanche qui se dissipe en brouillard, c'est un signe de temps mauvais et malsain.

H. Quand le vent change fréquemment de direction, c'est signe de tempête.

I. De petits nuages blancs passant devant le soleil lorsqu'il est près de l'horizon, et s'y colorant en rouge, en jaune, en vert, etc., annoncent la pluie.

J. La gelée qui commence par un vent nord-est dure ordinairement longtemps et devient très-forte.

Tous ces *pronostics*, il est bon de le dire, n'établissent que des probabilités en faveur du temps qu'ils annoncent.

Je pourrais prolonger beaucoup cette liste d'indications, si une énumération plus longue ne me paraissait d'une utilité fort contestable.

CHAPITRE III.

Notions très-élémentaires de chimie agricole.

SECTION PREMIÈRE. — DE LA PARTIE ORGANIQUE DES PLANTES ET DE SES ÉLÉMENTS ESSENTIELS.

79me Q. — *Quelle définition pouvons-nous donner du mot corps* (1)?

R. — Tout ce qui est pesant et susceptible d'être contenu dans une enveloppe quelconque.

80me Q. — *Qu'est-ce que la pesanteur?*

R. — C'est la force qui sollicite tous les corps à tomber et à se rapprocher du centre de la terre.

81me Q. — *Qu'appelle-t-on poids d'un corps?*

R. — C'est l'effort qu'il faut faire pour l'empêcher de tomber. Un litre de sable est plus lourd à soulever qu'un litre d'eau, et l'effort qu'il faut faire pour le soutenir

(1) Il est bien entendu que, si je me borne à cette définition, c'est qu'elle me paraît suffisante, au point de vue auquel je me place dans l'intérêt de mes lecteurs spéciaux.

est plus grand. Aussi, le sable est-il plus pesant que l'eau.

82ᵐᵉ Q. — *Comment divise-t-on les corps?*

R. — En *corps simples* et en *corps composés.*

83ᵐᵉ Q. — *Qu'est-ce qu'un corps simple?*

R. — C'est celui dans lequel on ne trouve qu'une seule substance semblable au corps lui-même. Exemple: le *fer* est un corps simple parce qu'il ne renferme que du *fer.*

84ᵐᵉ Q. — *Que nomme-t-on corps composé?*

R. — On donne ce nom aux matières dans lesquelles on trouve deux ou plusieurs corps simples. Exemple: la *rouille* est un corps composé de *fer* et d'un autre principe, existant dans l'air, qu'on appelle *oxygène.*

85ᵐᵉ Q. — *Les végétaux sont-ils des corps simples?*

R. — Non, sans doute, car ils sont constitués par un certain nombre de corps qui, eux-mêmes, s'y rencontrent dans des états de combinaison très-variés.

86ᵐᵉ Q. — *Comment subdivise-t-on la matière qui compose tous les végétaux?*

R. — Toute plante ou portion d'une plante est formée de deux parties, savoir : la partie *organique* et la partie *inorganique.*

87ᵐᵉ Q. — *Qu'est-ce que la partie organique des végétaux?*

R. — C'est celle qui se consume et qui se détruit par le feu en produisant de la flamme et de la fumée.

88ᵐᵉ Q. — *Comment prouve-t-on l'existence de la partie inorganique des végétaux?*

R. — Comme je viens de le dire, en brûlant une substance végétale. Alors la matière *organique* se détruit et se dégage, tandis que la matière *inorganique* forme un résidu blanc ou grisâtre qu'on appelle *cendres.* Exemples: le bois qu'on brûle dans un foyer; les mauvaises herbes qu'on brûle sur les champs, etc.

89me Q. — *Laquelle de ces deux matières est la plus abondante dans les végétaux?*

R. — La partie *organique* constitue, en général, plus des 95/100 du poids total de la plante examinée ; mais, presque toujours, cette matière organique est unie avec une énorme quantité d'eau. Exemple : les pommes de terre, les carottes, les betteraves, etc.

90me Q. — *La composition de la matière organique et de la matière inorganique des végétaux est-elle la même?*

R. — Non, à beaucoup près. La composition de la partie organique est beaucoup plus simple que celle de l'autre, qui renferme un plus grand nombre de substances différentes.

91me Q. — *De quoi se compose la partie organique des végétaux?*

R. — Presque toujours elle n'est constituée que par quatre corps simples, qui sont :

Le carbone;

L'hydrogène;

L'oxygène;

L'azote. (Voir Q. 132.)

92me Q. — *Toutes les matières organiques végétales renferment-elles ces quatre corps simples?*

R. — Non; un grand nombre ne contiennent que les trois premiers. Exemples : le *sucre*, l'*amidon*, l'*huile*.

93me Q. — *Citez quelques substances organiques végétales renfermant les quatre corps simples : carbone, hydrogène, oxygène, azote.*

R. — Le *gluten*. C'est cette espèce de gomme élastique qu'on obtient en mâchant longtemps des grains de blé. La *levure* de bière, dont on se sert pour faire lever le pain, contient aussi ces quatre corps.

94me Q. — *Qu'est-ce que le carbone?*

R. — C'est un corps simple qui est très-commun dans la nature et qui existe aussi dans toutes les matières végétales et animales; mais, le plus souvent, on ne saurait le reconnaître de suite, parce que sa couleur est masquée par d'autres corps avec lesquels il est uni.

95me Q. — *Comment reconnaît-on le carbone quand il est libre?*

R. — Il est solide, noir (sauf une exception qui est le diamant), sans odeur, sans goût; il peut brûler avec plus ou moins de flamme et de fumée, selon qu'il est plus ou moins pur.

96me Q. — *Citez quelques matières qui sont constituées en tout ou en très-grande partie par le carbone?*

R. — Les *braises* de boulanger, le *charbon de bois*, le *coke*, certaines *houilles*, etc.

97me Q. — *Comment peut-on prouver que les feuilles qui sont vertes, et que les fleurs qui sont si bien colorées, contiennent du carbone?*

R. — C'est très-facile, car il suffit de brûler imparfaitement ces matières et de façon que l'air n'y arrive que peu ou point. Exemple : remplissez avec des feuilles ou des fleurs, ou avec toute autre matière organique, la tête d'une pipe ordinaire que vous fermez ensuite avec une petite boule de terre glaise; mettez peu à peu la tête de la pipe dans le feu et chauffez-la jusqu'à ce qu'il ne sorte plus de fumée par le tuyau. Quand la pipe est froide, vous la cassez; vous trouvez dans la tête une masse plus ou moins grande de charbon noir, qui est formée presque entièrement par le *carbone* de la matière organique que le feu a décomposée.

On obtient le même résultat avec du blé, du pain, de la pomme de terre, etc., etc.

98me Q. — *Pourquoi faut-il faire cette expérience hors de l'action de l'air?*

R. — Si on la faisait à l'air, sur une pelle à feu, par exemple, on aurait aussi du charbon; mais bientôt le carbone brûlerait lui-même à l'air, se consumerait, et il ne resterait sur la pelle que des *cendres*, c'est-à-dire la partie inorganique de la matière décomposée par le feu. (*Voir* Q. 88.)

99me Q. — *Qu'est-ce que l'hydrogène, et sous quelle forme est-il absorbé par les plantes ?*

R. — C'est un gaz, c'est-à-dire une espèce d'air qui est si léger qu'il gagne toujours le dessus des lieux où il se trouve. Quand il est dans l'air et qu'on en approche une chandelle allumée, il s'enflamme et brûle. Exemple : le gaz qui sert à éclairer les villes, les fabriques et les grands ateliers. Ce gaz, presque entièrement formé par l'hydrogène, est tiré de la houille qui en contient beaucoup ; mais on peut aussi en obtenir avec du *bois*, de l'*huile*, de la *résine*, qui sont des matières organiques végétales.

Il est des circonstances où il se produit naturellement de grandes quantités de gaz hydrogène plus ou moins impur. Exemple : dans certaines mines où il se dégage un gaz appelé grisou. Quand, malheureusement, ce gaz s'enflamme, il arrive presque toujours que des ouvriers sont tués ou brûlés. C'est uni avec l'*oxygène*, c'est-à-dire sous forme d'*eau*, que l'*hydrogène* est absorbé par les racines, et même par les autres parties du végétal, quand la terre est sèche.

100me Q. — *Qu'est-ce que l'oxygène ?*

R. — C'est aussi un gaz, c'est-à-dire une espèce d'air ; il est invisible, sans goût ni odeur : c'est par lui que les corps auxquels on met le feu peuvent brûler dans l'air ordinaire. Sans oxygène il ne saurait y avoir de foyers allumés, et le bois, la houille, le coke s'éteindraient. (*Voir* Q. 45.)

101me Q. — *Qu'est-ce que l'azote ?*

R. — C'est encore un gaz existant dans l'air que nous respirons, mélangé avec l'oxygène. Il se distingue de l'*oxygène* en ce qu'il éteint les corps qui brûlent, tandis

que l'oxygène les fait brûler plus fort. On distingue l'*azote*
de l'hydrogène en ce que celui-ci s'enflamme dans l'air
par l'approche d'une chandelle allumée, tandis que
l'azote n'offre pas ce caractère.

102ᵐᵉ Q. — *L'azote existe-t-il dans toutes les matières
organiques végétales?*

R. — Non; il en est qui, comme le *sucre*, l'*amidon*, ne
renferment point d'azote.

103ᵐᵉ Q. — *Peut-on reconnaître l'existence de l'azote
dans une matière organique?*

R. — Pour celui qui n'est pas chimiste, cela n'est pas
toujours facile. Cependant, quand l'azote entre pour une
assez grande proportion dans la composition d'une substance, on peut assez souvent reconnaître sa présence
au moyen de certains caractères. Ainsi, lorsqu'on chauffe
fortement une matière très-azotée, on sent souvent une
odeur qui ressemble à celle de la laine brûlée. Quand on
laisse pourrir une matière semblable, elle exhale généralement une odeur fétide et dégoûtante. Exemples : le
sang corrompu, la *viande* pourrie.

104ᵐᵉ Q. — *Les quatre corps simples qui constituent le
plus souvent à eux seuls la partie organique des plantes,
c'est-à-dire le carbone, l'hydrogène, l'oxygène et l'azote,
ne peuvent-ils point former, en s'unissant entre eux, des
composés utiles ou indispensables à la vie des végétaux?*

R. — Sans aucun doute. Voici la liste de ceux de ces
composés qui sont les plus prochainement utiles au développement et à la nutrition des végétaux :

L'*oxygène* mélangé avec l'*azote* forme l'*air.*

L'*hydrogène* uni avec l'*oxygène* forme l'*eau.*

L'*azote* uni avec l'*hydrogène* forme l'*ammoniaque.*

Le *carbone* uni avec l'*oxygène* forme l'*acide carbonique.*

Or, ces quatre corps composés :

Air. . . . . \
Eau. . . . . } sont précisément ceux qui, ab-
Ammoniaque. . . } sorbés par les feuilles ou par
Acide carbonique. / les racines des plantes, se combinent entre eux de manière à constituer la partie *organique*.

105ᵐᵉ Q. — *Qu'est-ce que l'air, et comment est-il formé?*

R. — J'ai déjà dit (Q. 46) quelles étaient les principales propriétés de l'*air*. Quand il est pur et sec, il ne contient que de l'*oxygène* et de l'*azote*. Cent litres d'air pur contiennent :

22 litres d'oxygène \
et 78 litres d'azote } = 100 litres d'air.

106ᵐᵉ Q. — *L'air est-il ordinairement pur?*

R. — Non, et on peut dire qu'il renferme toujours quelques substances qui lui sont étrangères et que des circonstances accidentelles rendent à peu près constantes.

107ᵐᵉ Q. — *Quelles sont les substances étrangères que renferme le plus souvent l'air atmosphérique?*

R. — Elles sont assez nombreuses; ce sont :

1° L'*acide carbonique* (combinaison du *carbone* avec l'*oxygène*) qui s'y trouve, terme moyen, dans le rapport de 4 volumes sur 1,000 volumes d'air.

2° L'*eau* (combinaison d'*oxygène* et d'*hydrogène*) qui y existe à l'état de vapeur, dans une proportion à peu près égale à celle de l'acide carbonique. (*Voir* Q. 114.)

3° L'*ammoniaque* (corps formé d'*hydrogène* et d'*azote*), provenant des matières organiques végétales et animales qui se décomposent sur tous les points de la surface du globe.

4° L'*acide nitrique* (acide formé d'*azote* et d'*oxygène*), corps qui se produit quelquefois dans l'atmosphère pendant les orages, la grêle, etc.

5° Les *particules très-divisées de matières végétales et*

animales tenues en suspension et qui se précipitent par la pluie.

6° Des *particules salines*. On a, en effet, remarqué que les vents qui viennent de la mer transportent bien loin des côtes des vapeurs aqueuses et salées, qui se déposent quelquefois sur les feuilles des végétaux exposés à leur influence.

108me Q. — *Comment prouve-t-on la présence de l'oxygène dans l'air?*

R. — L'*oxygène* étant le seul gaz simple propre à la combustion, la flamme que produit en brûlant une chandelle ou un morceau de bois, prouve déjà sa présence dans l'air; mais pour se convaincre que l'*oxygène* ne forme qu'une partie du volume de l'air, il suffit de placer sur l'eau une veilleuse allumée, et de renverser sur ce luminaire un grand verre à boire dont les bords plongent dans le liquide. On voit la flamme de la veilleuse rester la même d'abord, puis bientôt diminuer de longueur, pâlir et s'éteindre. En même temps, on voit le niveau de l'eau s'élever dans le verre au fur et à mesure que la combustion diminue, et, quand celle-ci a cessé, l'eau se trouve remplir à peu près le cinquième de la capacité du verre. Cela ne démontre-t-il pas que, pour brûler, la veilleuse a dû absorber la cinquième partie du volume de l'air? Or, j'ai dit plus haut que l'air renfermait 22 pour cent, c'est-à-dire environ *un sur cinq* d'oxygène.

109me Q. —*Comment l'azote se démontre-t-il dans l'air?*

R. —Au moyen de l'expérience précédente qui sert à y prouver la présence de l'oxygène. En effet, cette épreuve établit que l'air est essentiellement composé, sur *cinq parties* (en volume), d'*une* partie d'un gaz propre à la combustion, et de *quatre* d'un autre gaz qui y est impropre, puisque la flamme s'y est éteinte. Or, ce sont ces *quatre* parties impropres à la combustion qui représentent l'azote; ce qui s'accorde avec ce que j'ai dit plus haut, savoir : que l'air renfermait, sur 100 *parties*, 78 *d'azote*, c'est-à-dire à peu près *quatre sur cinq*.

110ᵐᵉ Q. — *Par quelle expérience peut-on prouver que l'oxygène est le seul élément de l'air qui soit propre à la respiration des animaux?*

R. — Si on attache un oiseau ou une souris sur un radeau en liége posé sur l'eau, et qu'on renverse sur le tout une cloche en verre dont les bords plongent dans le liquide, on ne tarde pas à voir l'animal respirer avec peine, se débattre et enfin succomber. La diminution que subit le volume d'air dans cette opération est encore d'un cinquième environ, ce qui prouve que l'animal, pour respirer, a absorbé toute la proportion d'oxygène, c'est-à-dire d'élément respirable, contenue dans l'air où il se trouvait plongé.

111ᵐᵉ Q. — *Qu'est-ce que l'acide carbonique et comment sert-il au développement des végétaux ?*

R. — C'est un gaz, sans couleur, d'une odeur piquante. C'est lui qui donne aux bières mousseuses en bouteilles leur goût et leur saveur particulière. Introduit ainsi dans l'estomac, l'acide carbonique est sain. Si, au contraire, il est respiré en assez grande quantité, il tue les hommes et les animaux ; il éteint aussi les lampes et les combustibles allumés. Mais, en revanche, l'acide carbonique est indispensable au développement des végétaux. Sous l'influence de la lumière solaire, les feuilles et les parties vertes des plantes absorbent l'*acide carbonique* de l'air, en fixent le *carbone* et rejettent l'*oxygène*, lequel, ainsi restitué à l'air, sert de nouveau à la respiration des hommes et des animaux et à la combustion des foyers. Tel est le phénomène qui s'accomplit *pendant le jour*. La *nuit*, ou *dans l'obscurité*, il en est tout autrement : l'*acide carbonique* de l'air n'est plus absorbé, et même les parties vertes absorbent une certaine proportion de l'*oxygène* de l'air.

3.

112ᵐᵉ Q. — *L'acide carbonique n'existe-t-il que dans l'air,
et les plantes ne peuvent-elles le puiser à d'autres sources?*

R. — L'acide carbonique existe à peu près pour moitié
du poids dans les marbres, les pierres à chaux, la craie,
la pierre de taille, etc., tandis que dans l'air il ne s'y
rencontre qu'en proportion très-faible (205 sur 5,000
d'air). Quant à la question de savoir s'il est impossible
que les plantes puisent l'*acide carbonique* autre part que
dans l'atmosphère, on peut aujourd'hui répondre *non*,
et il arrive, surtout lorsque la végétation stimulée ac-
quiert une grande énergie, qu'une certaine quantité
d'acide carbonique provienne du sol, lequel le renferme,
soit naturellement, soit par la chute des pluies qui ont
pris cet acide à l'air, soit enfin par l'oxydation lente de
l'humus et des fumiers qui se décomposent dans la
terre. Dans ce cas, les racines absorbent l'acide carbonique du sol en même temps que l'eau qui tient ce gaz
en solution, et la séve les porte l'un et l'autre dans toutes
les parties des plantes. Mais, en général, cet acide carbonique du sol n'est point entièrement assimilé par les
végétaux, et il s'évapore, avec l'eau qui le dissout, à la
surface des feuilles et des parties vertes. Le matin seulement, et lorsque le soleil darde ses rayons sur celles-ci,
une portion de l'acide carbonique accumulé pendant la
nuit dans les divers tissus, s'élabore; du *carbone est fixé*
par la plante, et de l'*oxygène est exhalé* dans l'atmosphère.

113ᵐᵉ Q. — *Comment démontre-t-on l'existence de l'acide
carbonique dans l'air et l'évidence de son absorption par les
plantes?*

R. — Par une expérience très-facile à exécuter. Elle
consiste à traiter de la chaux vive par l'eau en excès, et
à exposer au contact de l'air une certaine quantité d'eau
de chaux bien limpide et bien claire; bientôt il se forme,
à la surface du liquide calcaire, une croute solide de
carbonate de chaux; si on enlève cette couche, il s'en pro-

duit rapidement une seconde, et ainsi de suite jusqu'à ce que toute la chaux se soit combinée avec l'acide carbonique de l'air.

L'air atmosphérique renferme toujours un millième au moins de son poids d'*acide carbonique*, et cette quantité très-faible est la même depuis des siècles, malgré toutes les causes qui tendent sans cesse à l'augmenter; telles que la respiration des hommes et des animaux, la combustion des foyers, des usines et des maisons, les divers moyens d'éclairage, la décomposition des matières végétales et animales, les fermentations, etc., etc. Il est clair que si la proportion d'*acide carbonique* n'augmente pas à chaque instant dans l'air, c'est qu'il existe une cause (la végétation) dont l'influence se manifeste en sens inverse, et qui agit en soustrayant à l'atmosphère l'acide carbonique que les circonstances mentionnées plus haut tentent à y accumuler.

114ᵐᵉ Q. — *Peut-on constater aisément la présence de l'eau dans l'air?*

R. — Oui : il suffit pour cela de placer dans un lieu chaud un vase rempli d'eau froide ou de glace ; il se recouvre d'une rosée ou de gouttelettes qui ruissellent quelquefois le long des parois du vase. Cette eau était en suspension dans l'air à l'état de vapeur. Le sel de cuisine devient souvent humide et se fond même dans certains cas : cela dépend de ce qu'il absorbe l'eau que contient l'air.

115ᵐᵉ Q. — *Peut-on démontrer aussi facilement dans l'air l'existence de l'ammoniaque, de l'acide nitrique, des matières organiques et du sel?*

R. — Non. Ces démonstrations exigent, pour être évidentes, des manipulations chimiques dont l'énoncé sort du cadre de cet ouvrage ; mais le cultivateur peut se tenir pour convaincu de la présence de ces matières dans l'air atmosphérique, matières qui ont une importance extrême au point de vue de la végétation.

116me Q. — *L'air peut-il se vicier d'une manière notable et suffisamment pour devenir insalubre?*

R. — Oui, sans doute, et les circonstances nécessaires à la viciation de l'air atmosphérique se reproduisent à chaque instant. Toutes les fois que des hommes ou des animaux respireront dans un local petit et surtout fermé, où la circulation de l'air ne saurait être active, ce fluide deviendra de plus en plus insalubre, les êtres vivants absorbant son *oxygène* et rejetant de l'*acide carbonique*, gaz éminemment irrespirable. Si ces conditions ne changent point, les hommes ou les animaux finiront par succomber à l'asphyxie. C'est afin d'éviter les accidents de ce genre et l'influence de l'encombrement sur la santé des bestiaux, que les fermiers doivent donner à leurs étables des proportions suffisantes et en disposer les fenêtres de façon à pouvoir aérer facilement et souvent. Il en serait de même dans un lieu où brûleraient des lampes ou un foyer, et dont l'air ne pourrait se renouveler suffisamment. Voilà pourquoi il est si dangereux de coucher dans une chambre dont la cheminée tire mal, et, plus encore, de se chauffer avec des réchauds dans lesquels on brûle de la braise.

117me Q. — *N'existe-t-il point d'autres causes de viciation de l'air que l'encombrement et la combustion?*

R. — Oui ; la *fermentation* et la *décomposition putride* des matières organiques sont deux causes puissantes d'altération de l'air.

118me Q. — *Comment la fermentation peut-elle vicier l'air?*

R. — Il existe plusieurs espèces de fermentations, mais je ne m'occuperai que des deux principales, savoir : la *fermentation alcoolique ou vineuse*, par laquelle le sucre se transforme en *alcool* (esprit-de-vin), et la *fermentation acétique*, par laquelle l'alcool se change en *vinaigre*.

La première de ces fermentations s'établit dans toutes les brasseries et les distilleries ; la seconde, dans toutes les vinaigreries et les amidonneries. Chacune d'elles, en accomplissant les transformations qui la caractérisent, produit le dégagement d'une très-grande quantité de *gaz acide carbonique*, lequel, étant plus pesant que l'air atmosphérique, gagne d'abord le fond du cellier où la fermentation s'effectue, mais se mélange ensuite avec l'air d'une manière intime. Voilà la raison pour laquelle il est dangereux de mettre le nez au-dessus de la bonde d'un tonneau de bière qui fermente, et pourquoi il convient de renouveler l'air des celliers avant que d'y pénétrer, quand ils ne sont point disposés de façon que la circulation de l'air y soit toujours active.

119me Q. — *Comment l'air se vicie-t-il par la décomposition des matières organiques?*

R. — Les substances végétales et animales, *ces dernières surtout*, dégagent, en se décomposant au contact de l'air dont elles absorbent l'oxygène, dégagent, dis-je, des proportions quelquefois énormes de différents gaz irrespirables et insalubres. Les plus dangereux sont : l'*hydrogène sulfuré* (combinaison de l'*hydrogène* avec le *soufre*), l'*ammoniaque* (combinaison de l'*hydrogène* avec l'*azote*), et l'*acide carbonique* (combinaison de l'*oxygène* avec le *carbone*). Ces matières gazeuses déterminent l'*asphyxie* des hommes qui pénètrent dans les lieux qui les renferment, même en assez faibles proportions : de là, l'*asphyxie* des vidangeurs et des cureurs d'égouts.

120me Q. — *Peut-on, comme cela se fait quelquefois à la campagne, assainir l'air en jetant dans la cavité qu'on présume contenir un gaz irrespirable, une botte de paille enflammée?*

R. — Non, car on produit précisément un effet contraire à celui qu'on attendait de ce moyen. Cela est très-facile à concevoir ; la paille, pour brûler, a besoin d'une certaine quantité d'oxygène, et, par conséquent, elle absorbera la faible proportion de ce corps qui se trouverait mélangé avec le gaz irrespirable ; bien loin de diminuer, le danger s'aggraverait donc, et l'atmosphère de la cavité en question deviendrait plus méphytique encore. En outre, dans le cas où cette cavité renfermerait un assez grand volume d'*hydrogène sulfuré* (combinaison d'*hydrogène* et de *soufre*), et c'est ce qui se réalise pour les fosses d'aisances et les citernes à fumiers, il pourrait arriver que le mélange gazeux fût explosif, c'est-à-dire susceptible de s'enflammer avec détonation par l'approche d'un corps embrasé. La manœuvre dont je parle ici n'est donc bonne dans aucune circonstance et ne saurait qu'augmenter les chances d'accident que l'on avait en vue d'écarter.

121me Q. — *Comment pourrait-on assainir l'air d'une cavité renfermant de l'acide carbonique?*

R. — En projetant dans cette fosse de la chaux vive réduite en bouillie claire avec de l'eau. Si l'on pouvait se servir d'un arrosoir qui diviserait le liquide, l'effet produit serait plus prompt. L'influence de la *chaux*, dans la circonstance qui nous occupe, est facile à comprendre : la *chaux* vive est très-avide d'*acide carbonique*, avec lequel elle constitue du *carbonate de chaux* (craie); elle absorbera donc ce gaz et le solidifiera en se combinant avec lui.

122me Q. — *Comment pourrait-on s'assurer de la présence de l'hydrogène sulfuré dans l'air d'une fosse où il faudrait descendre?*

R. — Très-facilement, et il suffirait, pour cela, de plonger dans la cavité, suspendu au bout d'un fil, un morceau de *carbonate de plomb* (céruse), qu'on peut acheter chez tous les marchands de couleurs. Si la *céruse*, qui est blanche, jaunit, devient brune ou noircit, c'est une preuve qu'il existe dans l'atmosphère de la fosse à explorer, un peu, assez ou beaucoup d'*hydrogène sulfuré*.

Cette réaction se manifeste après quelques minutes. Dans tous les cas, l'odeur d'œufs pourris, propre à l'hydrogène sulfuré, suffirait pour indiquer la présence de ce gaz.

123ᵐᵉ Q. — *Qu'est-ce que l'eau ?*

R. — C'est un liquide presque universellement répandu sur tous les points de la surface du globe; sans lui, aucune *vie* ne serait possible, aucune fonction organique ne saurait s'accomplir. L'eau est la base de tous les aliments liquides et fait partie d'un grand nombre d'aliments solides. L'eau est, en un mot, un élément aussi indispensable que l'air.

124ᵐᵉ Q. — *Sous quelles formes l'eau se présente-t-elle?*

R. — L'eau se présente sous les trois états qui caractérisent la matière : à l'état *solide*, à l'état *liquide*, à l'état *gazeux*. (Voir Q. 42.)

125ᵐᵉ Q. — *L'eau est-elle toujours pure?*

R. — Loin de là; très-souvent elle renferme de l'*air*, ce qui ne la rend que meilleure pour l'usage des hommes, des animaux et des plantes; mais elle contient fréquemment aussi des matières calcaires et des substances organiques.

126ᵐᵉ Q. — *Comment peut-on prouver l'existence de l'air dans l'eau?*

R. — Il suffit de chauffer doucement ce liquide : on voit se former d'innombrables petites bulles d'air qui viennent crever à la surface.

127ᵐᵉ Q. — *Comment peut-on savoir si l'eau renferme des matières calcaires?*

R. — En regardant dans le vase où on fait tous les jours bouillir cette eau pour les besoins du ménage. On voit une croûte blanche ou grise plus ou moins épaisse sur les parois, quand l'eau renferme des matières calcaires.

128ᵐᵉ Q. — *Comment pourrait-on assainir de l'eau bourbeuse ou marécageuse?*

R. — En la passant à travers quelques couches alternatives de sable, de gravier et de charbon de bois en poussière ; l'eau filtre et devient limpide, incolore et dépourvue de toute odeur ainsi que de tout mauvais goût. Ce procédé de clarification et de désinfection est très-facile à établir, fort peu coûteux et de nature à préserver les hommes et les bestiaux de maladies dangereuses, qui peuvent devenir épidémiques sous certaines influences encore mal connues.

129ᵐᵉ Q. — *Qu'est-ce que l'ammoniaque?*

R. — C'est un gaz qui est formé d'*hydrogène et d'azote* ; il a une odeur extrêmement piquante qui irrite les yeux et la gorge. C'est particulièrement sous cet état que l'*azote* est offert et absorbé par les plantes.

130ᵐᵉ Q. — *Dans quelles circonstances relatives aux travaux agricoles se produit-il de l'ammoniaque ?*

R. — L'ammoniaque se forme dans les tas de fumiers, dans les citernes à urines, dans les écuries et étables malpropres, etc. : il est facile de le reconnaître à son odeur.

131ᵐᵉ Q. — *L'ammoniaque est-il utile à la végétation, et comment pénètre-t-il dans les plantes ?*

R. — Il est utile au plus haut degré. Certaines matières organiques, et ce sont les plus importantes pour la nourriture de l'homme, le *gluten*, par exemple, ne se formeraient pas si la plante ne pouvait point absorber de l'ammoniaque. L'ammoniaque produit dans le sol par les engrais en décomposition, ou déposé dans son sein par les eaux de pluie, est en partie absorbé par les racines des végétaux et porté dans leurs divers organes ; là, il s'engage dans de nouvelles combinaisons et, selon les organes, produit de l'*albumine*, du *gluten*, de la *fibrine*, etc. Les pleurs de la vigne, le suc de la betterave, la sève du bouleau, le jus du tabac, etc., renferment des produits azotés et des sels ammoniacaux.

152ᵐᵉ Q. — *La partie organique des végétaux ne renferme-t-elle jamais d'autres éléments que le carbone, l'oxygène, l'hydrogène et l'azote?*

R. — Un petit nombre de substances organiques azotées contiennent quelquefois un peu de *soufre* et de *phosphore*, corps dont je parlerai plus loin.

SECTION II. — DE LA PARTIE INORGANIQUE DES PLANTES, DES ÉLÉMENTS QUI LA COMPOSENT, ET DES ÉTATS SOUS LESQUELS ILS PÉNÈTRENT DANS LES VÉGÉTAUX.

153ᵐᵉ Q. — *Comment démontre-t-on l'existence de la partie inorganique des végétaux?*

R. — J'ai déjà résolu cette question (*voir* Q. 88), et j'ai dit plus haut comment on pouvait isoler les éléments inorganiques, en réduisant en cendres la plante ou la partie de la plante dans laquelle on les recherche.

154ᵐᵉ Q. — *Toutes les plantes renferment-elles la même quantité de substances inorganiques?*

R. — Loin de là: les unes en contiennent une proportion très-faible, tandis que les autres en fournissent énormément.

155ᵐᵉ Q. — *Les différentes parties d'une même plante donnent-elles, à poids égaux, la même quantité de cendres?*

R. — Non, sans doute. L'écorce et les feuilles en fournissent toujours beaucoup plus que les branches; les branches plus que le tronc; l'*aubier* (faux bois) moins que le bois. En général, les plantes ligneuses en donnent moins que les plantes herbacées.

156ᵐᵉ Q. — *Quelles sont les substances diverses qui constituent la partie inorganique des végétaux?*

R. — Ces substances sont assez nombreuses; les voici:

Chaux. . . . . }
Potasse . . . . }
Soude. . . . . } Ces six matières ont reçu le
Magnésie . . . . } nom de *bases*, parce que, en se
Oxyde de fer. . . . . } combinant avec les *acides*,
Oxyde de manganèse. } elles forment des corps com-
                posés appelés *sels*.

Silice.

Acide sulfurique. . . } Ces deux substances sont des
                acides, parce qu'elles ont une
Acide phosphorique . } saveur aigre et peuvent s'unir
                avec les *bases*.

Chlore.

137ᵐᵉ Q. — *Toutes ces substances se rencontrent-elles dans les cendres de tous les végétaux?*

R. — Il est assez rare que l'une d'elles manque complétement, mais il arrive souvent qu'une ou deux de ces matières n'existent, dans certaines cendres, qu'en proportions excessivement faibles.

Premier exemple.

La cendre de navets contient 11 p. °/₀ d'acide sulfurique, et celle de froment en contient 1 p. °/₀.

Second exemple.

La cendre de betteraves contient 7 p. °/₀ de chaux, et celle de pommes de terre en contient 2 p. °/₀.

On pourrait multiplier beaucoup ces exemples.

138ᵐᵉ Q. — *Pour un même végétal, la proportion de la même substance inorganique est-elle égale dans les diverses parties de la plante?*

R. — Non ; et tandis qu'une matière inorganique abonde dans une partie de la plante, elle manque presque absolument dans une autre partie.

Premier exemple.

La cendre des grains de froment contient 47 p. °/₀ d'acide phosphorique, et la cendre des pailles de froment en contient 3 p. °/₀.

Second exemple.

La cendre des grains de froment contient 1 p. % de silice, et celle des pailles de froment en contient 68 p. %.

On voit que les grains de froment sont riches en *acide phosphorique* et pauvres en *silice*. C'est précisément le contraire pour la paille de froment.

139ᵐᵉ Q. — *Toutes les substances inorganiques que je viens de citer sont-elles des corps simples ?*

R. — Au contraire ; et à l'exception du *chlore* qui est un corps simple, toutes les autres substances sont composées d'oxygène uni avec un corps simple différent pour chacune d'elles. Exemples :

L'oxyde de fer est formé de fer et d'oxygène ;
L'acide sulfurique   —   soufre   —
L'acide phosphorique —   phosphore —

140ᵐᵉ Q. — *Qu'est-ce que la chaux ?*

R. — La *chaux*, qu'on appelle aussi *chaux vive*, est une matière blanche, très-avide d'eau, sans odeur et d'une saveur brûlante. Elle est très-employée en agriculture et pour les constructions ; mêlée avec du sable et de l'eau, elle forme le mortier.

141ᵐᵉ Q. — *La chaux vive existe-t-elle naturellement ?*

R. — Non, on doit la fabriquer ; et pour cela, il suffit de chauffer fortement dans des fours la pierre calcaire ou *pierre à chaux* qu'on rencontre dans plusieurs localités du pays. Cette *pierre à chaux* est composée de *chaux* et d'*acide carbonique*. (Voir Q. 112.) Par la chaleur du four, l'*acide carbonique* est chassé et la *chaux vive* reste.

142ᵐᵉ Q. — *Qu'appelle-t-on chaux éteinte ?*

R. — C'est de la chaux *vive* sur laquelle on a versé une certaine quantité d'eau. La masse s'échauffe beaucoup, se goufle plus ou moins et finit par fournir une poussière blanche ou une pâte, suivant la proportion d'eau ajoutée.

143ᵐᵉ Q. — *Qu'est-ce que la potasse ?*

R. — C'est une matière dont se servent surtout les

savonniers pour faire des *savons mous*. Sa couleur est plus ou moins blanche, sa saveur très-âcre et plus brûlante encore que celle de la chaux. Quand on la laisse à l'air, elle devient liquide au bout d'un certain temps.

144ᵐᵉ Q. — *D'où tire-t-on la potasse?*

R. — Des cendres de bois qu'on lave avec de l'eau ; on évapore ensuite la lessive à sec.

145ᵐᵉ Q. — *Qu'est-ce que la soude?*

R. — C'est une substance également employée par les savonniers, mais pour obtenir des *savons durs et blancs*. Son aspect et son goût ressemblent beaucoup à ceux de la *potasse*; seulement, quand on l'expose à l'air, au lieu de devenir liquide, elle semble devenir plus sèche.

146ᵐᵉ Q. — *Comment obtient-on la soude?*

R. — En lessivant les cendres résultant de la combustion des plantes qui croissent sur les bords de la mer. On fabrique aussi de très-grandes quantités de soude au moyen du sel ordinaire qui en renferme beaucoup.

147ᵐᵉ Q. — *Qu'est-ce que la magnésie?*

R. — C'est une substance que l'on trouve dans le commerce sous forme d'une poudre blanche, ordinairement très-légère. L'eau de mer et celle de certaines sources, ainsi que quelques pierres calcaires, en renferment de notables proportions.

148ᵐᵉ Q. — *Les végétaux renferment-ils généralement beaucoup de magnésie?*

R. — Non, la plupart n'en contiennent qu'une proportion assez restreinte. Cependant, les semences de certaines plantes en renferment notablement. Exemples : la cendre des grains de froment contient 16 p. c. de magnésie, et la cendre des pois et des haricots en contient 12 p. c.

149ᵐᵉ Q. — *Qu'est-ce que l'oxyde de fer?*

R. — Quand le *fer* est exposé à l'air humide, il s'unit

à l'*oxygène* de l'air et se couvre de *rouille*. Cette dernière est l'*oxyde de fer*.

150ᵐᵉ Q. — *L'oxyde de fer est-il abondant dans la nature?*

R. — Très-abondant; il constitue la plus grande partie de certains terrains et entre pour une proportion plus ou moins forte dans toutes les terres dont la couleur est jaune ou rougeâtre. L'eau des puits et des sources en contient souvent.

151ᵐᵉ Q. — *Les végétaux absorbent-ils beaucoup d'oxyde de fer?*

R. — Non, les cendres des plantes n'en contiennent d'ordinaire que de 1/2 à 1 p. c. de leur poids.

152ᵐᵉ Q. — *Qu'est-ce que l'oxyde de manganèse?*

R. — C'est un oxyde qui a quelquefois beaucoup de ressemblance avec l'oxyde de fer et qui existe dans certains sols. Il est loin de se rencontrer toujours en quantité appréciable dans les cendres des végétaux.

153ᵐᵉ Q. — *Qu'est-ce que la silice?*

R. — C'est une substance très-abondamment répandue dans la nature. Elle se présente sous des formes extrêmement différentes; voici les principales:

Le sable;

La pierre à fusil;

La pierre dont on fait les meules de moulin;

Le cristal de roche, etc.

A l'état de sable, elle constitue presque entièrement certains terrains appelés, pour cette raison, *terrains sablonneux*.

154ᵐᵉ Q. — *La silice fait-elle fréquemment partie des plantes?*

R. — Oui; mais, en général, la proportion n'y est pas considérable. Il y a néanmoins quelques exceptions; exemples:

La cendre de la paille de froment contient 68 p. c. de silice, et la cendre de fougère en contient 73 p. c.

4

155me Q. — *Qu'est-ce que l'acide sulfurique?*

R. — C'est du *soufre* uni à de l'*oxygène*. Dans le commerce on vend cet acide sous le nom d'*huile de vitriol*. Il est liquide, épais comme de l'huile, d'une saveur très-*acide, c'est-à-dire très-aigre*. C'est un corps très-dangereux à manier et un violent poison. Mis en contact avec les plantes, il les réduit en charbon.

156me Q. — *Comment se fait-il que l'acide sulfurique, étant un poison si actif, puisse exister dans les plantes vivantes?*

R. — Parce que cet acide ne s'y trouve pas libre, mais bien combiné avec la *potasse*, ou la *soude*, ou la *chaux*, ou la *magnésie*, c'est-à-dire avec des matières appelées *bases*, qui neutralisent ses propriétés dangereuses.

157me Q. — *Citez un exemple qui démontre que l'acide sulfurique combiné avec les bases cesse d'être acide et caustique (brûlant).*

R. — J'ai déjà dit que la *chaux* avait une saveur brûlante (voir Q. 140); je viens de dire que l'acide sulfurique avait une saveur plus forte et plus brûlante encore; eh bien, en mettant en contact la *chaux* et l'*acide sulfurique* en proportions convenables, ils perdent tous les deux leurs caractères et forment une substance blanche, sans saveur, nullement caustique, qu'on appelle *sulfate de chaux;* c'est là le nom chimique du *plâtre*.

Si c'était avec de la *potasse* ou avec de la *soude* qu'on unit l'*acide sulfurique*, le composé formé s'appellerait *sulfate de potasse* ou *sulfate de soude*.

158me Q. — *C'est donc sous l'état de sulfate que l'acide sulfurique est absorbé par les végétaux?*

R. — Certainement, et c'est combiné à la *chaux* et à la *potasse* que cet acide existe dans les *navets*, par exemple, qui en renferment beaucoup.

159me Q. — *Qu'est-ce que l'acide phosphorique?*

R. — C'est du *phosphore* uni à de l'*oxygène*. Cet acide a aussi une saveur très-aigre et brûlante. De même que l'*acide sulfurique*, il est vénéneux et tue les plantes quand il est libre. Il ne peut donc être absorbé par les végétaux que quand il est combiné avec des *bases*, c'est-à-dire avec la *chaux*, la *potasse*, la *soude*, etc., etc.

160me Q. — *Sous quel état l'acide phosphorique est-il offert aux végétaux?*

R. — Dans le plus grand nombre des cas, c'est combiné avec la *chaux* et avec la *magnésie* que l'*acide phosphorique* se rencontre dans les végétaux, ainsi que dans le sol et dans les engrais d'où ces végétaux proviennent. C'est donc sous la forme de *phosphates de chaux et de magnésie* que l'acide *phosphorique* est généralement absorbé par les plantes.

161me Q. — *D'où peut-on tirer les phosphates de chaux et de magnésie qu'il convient d'introduire dans les terrains qui n'en contiennent pas assez?*

R. — Pour réaliser cette condition, il suffit de mélanger au sol des *os d'animaux* en poudre. Ces os contiennent une grande proportion des phosphates dont il s'agit.

162me Q. — *L'acide phosphorique combiné aux bases existe-t-il dans tous les végétaux et dans la même proportion?*

R. — On peut affirmer que les *phosphates* sont au nombre des éléments les plus essentiels au développement des plantes nutritives; mais la quantité n'en est pas la même pour toutes. Exemples :

La cendre des *grains de froment* contient 47 p. c. d'acide phosphorique ;

La cendre des *navets* et des *betteraves* en contient 6 p. c.

163me Q. — *Qu'est-ce que le chlore?*

R. — C'est un corps simple qui forme en grande partie le sel ordinaire et qui se rencontre surtout dans certains végétaux marins.

164me Q. — *Les plantes nutritives renferment-elles beaucoup de chlore?*

R. — Non. Ainsi, dans les grains de froment, les cendres ne contiennent qu'une trace à peine appréciable de chlore. Dans les cendres de betteraves, au contraire, la proportion s'élève à 5 p. c. du poids des cendres; mais c'est pour ainsi dire là la limite supérieure.

165ᵐᵉ Q. — *Sous quel état le chlore existe-t-il dans les végétaux?*

R. — Probablement à l'état de sel ordinaire, c'est-à-dire combiné avec l'élément de la *soude*.

166ᵐᵉ Q. — *Comment toutes les substances inorganiques dont il vient d'être parlé pénètrent-elles dans les végétaux?*

R. — En dissolution dans l'eau, laquelle est ensuite pompée ou aspirée par les racines des plantes.

167ᵐᵉ Q. — *Toutes ces substances sont donc susceptibles de se dissoudre dans l'eau?*

R. — Oui, tantôt directement, tantôt indirectement. Au reste, comme je l'ai déjà dit, ces substances ne s'introduisent jamais *seules* dans les végétaux et n'y pénètrent qu'en combinaison avec une autre substance. Exemples :

L'acide *phosphorique* s'unit le plus souvent avec la *magnésie* et la *chaux;*

L'acide *sulfurique*, avec la *chaux* et la *potasse;*

Le *chlore* avec l'élément de la *soude;*

La *silice*, avec la *potasse.*

Grâce à ces combinaisons diverses, les matières inorganiques, insolubles par elles-mêmes, peuvent se dissoudre dans l'eau et pénétrer ainsi dans les plantes. On comprend, en effet, que ce n'est pas sous forme de *sable* que la *silice* peut être introduite dans la séve; mais si, sous une autre forme, cette *silice* se trouve dans le sol de la *potasse*, elle s'unit avec cette base et forme une combinaison que l'eau peut dissoudre. Il en est de même pour *l'oxyde de fer*, pour *l'oxyde de manganèse. Quant aux phosphates de chaux et de magnésie*, ils peuvent se dissoudre dans l'eau des pluies et dans celle de certaines sources à cause de l'*acide carbonique* que ces eaux contiennent. Au reste, les diverses matières organiques qui se rencontrent dans les engrais et dans le sol se transforment en partie, et peu à peu, en acide carbonique au moyen de l'oxygène de l'air; de cette façon, l'eau contient toujours assez d'acide carbonique pour dissoudre des *phosphates* et autres substances, dans les proportions nécessaires au développement des plantes.

CHAPITRE IV.

Des matières organiques existant dans les végétaux.

SECTION PREMIÈRE. — ÉNUMÉRATION ET CARACTÈRES SPÉCIAUX DES PRINCIPALES MATIÈRES ORGANIQUES.

168me Q. — *Quelles sont les principales matières organisées que l'on trouve dans les plantes et comment les classe-t-on ?*

R. — Ces matières, qui sont produites par le travail intime des végétaux, sont assez nombreuses. Je ne citerai que les principales ; on les partage en deux catégories, savoir :

Matières non azotées.	Matières azotées.
La *substance ligneuse*.	Le *gluten* et plusieurs autres qui ont la même composition que lui.
La *fécule* ou *amidon*.	
Les *sucres*.	
Les *gommes*.	Les *bases organiques végétales*.
Les *acides organiques*.	Les *matières colorantes azotées*.
Les *huiles* { fixes. essentielles.	
Les *matières colorantes non azotées*.	

169me Q. — *Qu'est-ce que la substance ligneuse?*

R. — C'est celle qui constitue principalement le bois proprement dit, la paille, les coquilles de noix, etc., etc.

170me Q. — *Qu'est-ce que la fécule ou amidon?*

R. — C'est une poudre blanche, inodore, sans saveur, craquant sous les doigts, insoluble dans l'eau froide et dans l'alcool (*esprit-de-vin*). Dans l'eau chaude, l'amidon se dissout en apparence et forme un liquide ou une masse plus ou moins épaisse appelée *empois*.

171me Q. — *Dans quels végétaux existe la fécule?*

R. — L'*amidon* se trouve dans un très-grand nombre de fruits, de racines, et même de tiges de plantes. Les *pommes de terre*, les *châtaignes*, le *blé*, les *glands*, renferment des quantités considérables de *fécule*.

172me Q. — *De quelles plantes extrait-on généralement l'amidon?*

R. — Des *pommes de terre*, du *blé*, du *seigle* et de l'*orge*.

173me Q. — *Comment extrait-on la fécule des pommes de terre?*

R. — Très-aisément : il suffit de râper les tubercules de manière à les réduire en pulpe très-fine, et de laver celle-ci sur un tamis métallique ; la *fécule*, entraînée par l'eau, traverse le tamis et se dépose au fond d'un vase ; la *pulpe* épuisée reste, au contraire, et peut servir à différents usages et, notamment, à la nourriture des bestiaux. On lave et on sèche ensuite la *fécule* déposée.

174me Q. — *Quels sont les usages de la fécule?*

R. — La *fécule de pommes de terre* est employée pour faire des pâtisseries et surtout des biscuits. L'*amidon de grain* sert à faire l'*empois* pour empeser le linge. La *fécule* sert encore dans les fabriques de papier, dans les distilleries, etc.

175me Q. — *Qu'appelle-t-on sucres?*

R. — Ce sont des matières ayant, plus ou moins, une

saveur bien connue, la saveur sucrée. Il y a deux variétés principales de sucres, savoir :

Le *sucre de canne* qui se rencontre aussi dans les betteraves, les carottes, le maïs et certains navets ;

Le *sucre de raisin ou de fruits*; celui-ci est moins sucré que le premier.

176ᵐᵉ Q. — *Qu'appelle-t-on gommes ?*

R. — Ce sont des substances incristallisables, insipides, inodores ; la plupart sont solubles dans l'eau. Les *gommes* découlent ordinairement du tronc de certains arbres.

177ᵐᵉ Q. — *Qu'appelle-t-on acides organiques ?*

R. — Ce sont des substances jouissant d'une saveur aigre et piquante, qu'on rencontre dans beaucoup de plantes et de fruits ; en voici quelques-uns :

L'acide *citrique* dans les *citrons* et les *oranges*.

—   *malique*   —   *pommes*.

—   *oxalique*   —   *l'oseille*.

178ᵐᵉ Q. — *Qu'appelle-t-on huiles et comment les classe-t-on ?*

R. — On divise les *huiles* en *fixes* et en *essentielles*. Les unes et les autres sont des produits plus légers que l'eau et, généralement, très-inflammables.

179ᵐᵉ Q. — *Quels sont les usages des huiles fixes.*

R. — On en emploie quelques-unes comme aliment ; exemple : les huiles d'*olives* et d'*œillette*. Les autres sont employées soit à l'*éclairage*, soit à la fabrication des *savons*. On se sert de l'huile de lin en peinture et pour faire l'encre des imprimeurs.

180ᵐᵉ Q. — *A quoi servent les huiles essentielles ?*

R. — Ce sont des liquides légers, volatils, presque toujours odorants, et auxquels les végétaux doivent les senteurs qui les caractérisent. Elles existent particulièrement dans les *fleurs*, mais peuvent aussi se trouver dans les *fruits* et assez fréquemment dans les *feuilles*.

Un grand nombre de ces huiles, qu'on appelle encore *essences*, sont employées dans la parfumerie ; telles sont les essences de *violette*, de *rose*, d'*œillet*, de *jasmin*, de *citron*, d'*oranger*, etc. D'autres servent en médecine, comme les essences de *menthe*, de *fenouil*, etc.

181me Q. — *Quels sont les caractères principaux des matières colorantes organiques azotées et non azotées ?*

R. — Les matières colorantes les plus répandues sont *rouges*, *jaunes* et *vertes*. Les parties végétales colorées renferment, ordinairement, deux principes colorants et même souvent plusieurs ; les principes rouges sont, généralement, accompagnés de principes jaunes.

Les matières colorantes *blanchissent* au contact de la lumière, surtout en présence de l'humidité ; un courant d'air très-chaud, et, particulièrement, une lessive de cendres, ou une eau de savon concentrée, détruisent rapidement les couleurs. Le *chlore* et le *chlorure de chaux* décolorent également ces matières. Le charbon végétal ou animal enlève assez facilement la coloration des liquides, en se combinant avec le principe colorant, sans l'altérer. Cette faculté, que possède à un haut degré le charbon animal, est journellement utilisée dans les sucreries pour la décoloration des sirops.

182me Q. — *Que nomme-t-on gluten ?*

R. — C'est le principe le plus essentiellement nutritif des graines des céréales. Les enfants l'obtiennent en mâchant pendant longtemps des grains de froment. On peut l'avoir plus pur en faisant une pâte avec de la farine et de l'eau, pétrissant bien et lavant ensuite la pâte sous un filet d'eau. L'*amidon* est entraîné par l'eau, tandis que le *gluten* reste dans la main sous la forme d'une matière élastique de couleur grisâtre.

183me Q. — *Le gluten est-il la seule substance organique azotée que renferment les végétaux ?*

R. — Non ; il en est encore plusieurs qui ont la même

composition que le *gluten*, c'est-à-dire qui sont formées comme lui de *carbone*, *d'hydrogène*, *d'oxygène* et *d'azote*, dans les mêmes proportions. Ces substances, dont il n'est pas besoin de s'occuper ici, existent non-seulement dans les plantes, mais se rencontrent aussi dans les tissus animaux. Exemples : la *fibrine*, qui forme en grande partie la *chair* et le *sang*; l'*albumine* qui constitue le blanc d'œuf, etc.

184me Q. — *Qu'appelle-t-on bases organiques végétales?*

R. — Ce sont des matières qui se rencontrent tantôt dans l'écorce, tantôt dans les feuilles, tantôt dans les racines des plantes. Ces substances sont généralement fort actives et la plupart sont des poisons énergiques.

SECTION II. — DES ÉTATS SOUS LESQUELS LES ÉLÉMENTS QUI COMPOSENT LES MATIÈRES ORGANISÉES DES VÉGÉTAUX SONT ABSORBÉS PAR CEUX-CI.

185me Q. — *Quels sont les éléments qui composent les matières organiques existant dans les végétaux?*

R. — J'ai dit plus haut que les *matières organiques*, c'est-à-dire celles qui résultent de l'élaboration par les plantes de certains principes absorbés par elles, sont constituées par quatre corps simples, *oxygène*, *hydrogène*, *carbone*, *azote*, et quelquefois par un cinquième, le *soufre*. J'ai ensuite subdivisé ces matières en deux catégories, selon qu'elles renfermaient ou non de l'*azote*, et j'ai indiqué, dans la section précédente, leurs propriétés caractéristiques. La conséquence de cette énumération, c'est que les plantes préparent les nombreuses matières organiques, telles que le *ligneux*, le *sucre*, la *gomme*, la *fécule*, l'*albumine*, la *fibrine*, les *acides* et les *alcalis végétaux*, etc., etc., *avec cinq corps simples seulement.*

186me Q. — *Où les plantes prennent-elles l'oxygène, l'hydrogène, le carbone, l'azote et le soufre nécessaires à l'élaboration des matières organiques?*

R. — Elles ne peuvent les prendre qu'aux milieux où

elles sont plongées constamment, c'est-à-dire dans la *terre* et dans l'*air*; or, à part l'*oxygène* qui est isolément absorbable par les substances végétales dans quelques circonstances particulières, les plantes ne sauraient s'assimiler directement les quatre autres éléments cités. Il faut que ceux-ci se présentent soit aux racines, soit aux feuilles, dans un état de combinaison qui permette leur introduction dans les tissus végétaux.

187ᵐᵉ Q. — *Sous quelles formes l'oxygène, l'hydrogène, le carbone, l'azote et le soufre se présentent-ils à l'absorption végétale qui doit les élaborer?*

R. — Sous des formes très-simples et que la nature offre constamment, savoir :

L'*oxygène* et l'*hydrogène* } s'offrent aux plantes à l'état d'eau.

Le *carbone* et l'*oxygène* } s'offrent aux plantes à l'état d'*acide carbonique*.

L'*azote* et l'*hydrogène* } s'offrent aux plantes à l'état d'*ammoniaque*.

Le *soufre* et l'*oxygène* } s'offrent aux plantes à l'état d'*acide sulfurique*.

Or, l'*eau* existe toujours dans l'*air* et dans le *sol*;
L'*acide carbonique*   »   »
L'*acide sulfurique* existe presque toujours dans le *sol*.
L'*ammoniaque* existe presque toujours dans l'*air* et toujours dans le *sol*.

Il résulte de ce qui précède que les végétaux trouvent *toujours* dans les milieux où ils vivent les éléments qui doivent servir à l'élaboration des matières organiques qu'ils renferment.

188ᵐᵉ Q. — *Quelle part les éléments constitutifs des matières organiques prennent-ils à la formation de celles-ci?*

R. — Voici la manière simple dont peuvent se représenter les matières organiques :

La *substance ligneuse*
La *fécule*
La *gomme*
Le *sucre*

} peuvent être considérés comme formés par du carbone uni à une certaine quantité d'eau.

Les *acides végétaux*

} comme formés par du carbone, de l'eau et un excédant d'oxygène.

La *matière verte*
Les *huiles*

} comme formées par du carbone, de l'eau et un excédant d'hydrogène.

Les *bases végétales*
Les *matières colorantes azotées*

} comme formées de carbone, d'eau et d'azote.

Le *gluten*
La *fibrine*

} comme formés de carbone, d'eau, d'ammoniaque et de soufre.

On voit que les végétaux n'ont qu'à *remanier*, pour ainsi dire, les quatre substances dont la nature abonde, savoir : l'*eau*, l'*acide carbonique*, l'*acide sulfurique* et l'*ammoniaque*.

189ᵐᵉ Q. — *Quelles sont les voies par lesquelles les végétaux absorbent les éléments qui doivent servir à l'élaboration des matières organiques.*

R. — 1° Les *feuilles* introduisent dans les plantes :

} 1° L'*oxygène* et l'*hydrogène* à l'état d'*eau*.
2° Le *carbone*, à l'état d'*acide carbonique* existant dans l'*air*.

2° Les *racines* introduisent dans les plantes :

} 1° L'*oxygène* et l'*hydrogène* à l'état d'*eau*.
2° L'*acide carbonique* du terrain.
3° L'*azote* à l'état d'*ammoniaque* provenant des *engrais* et de l'*eau de pluie*.
4° Le *soufre* à l'état d'*acide sulfurique* combiné à la *chaux*, à la *potasse*, etc., etc., du *sol*.

En résumé on voit que :

L'*eau* est empruntée à la fois à l'*air* et au *sol*.

L'ammoniaque et l'a-　⎫　sont puisés exclusivement dans
　cide sulfurique...　⎭　　le *sol*.

L'acide carbonique est pris presque exclusivement dans
l'air.

190ᵐᵉ Q. — *Quelles sont les conditions indispensables
pour que l'élaboration des matières organiques puisse se
faire convenablement?*

R. — 1° La première condition, la plus indispensable
à la production des phénomènes vitaux, *c'est l'action des
rayons lumineux*; sans *lumière*, pas de vie végétale durable. (*Voir* les questions 76, 77, 78, 79.)

Outre cette condition essentielle, il en est encore d'autres fort importantes.

2° *Il faut d'abord que les matériaux soient fournis à la
plante en quantité suffisante;* il faut cela *non pour un seulement, mais pour tous;* sinon le végétal languit ou ne
produit pas tel principe qu'on a intérêt à y développer.
Ainsi, par exemple, la matière nutritive du blé est le
gluten, matière essentiellement azotée; si la plante ne
trouve pas dans le sol l'*azote* nécessaire à la constitution
de ce principe, elle n'en produira que peu et la valeur
nutritive du grain sera moindre.

3° *Il ne faut pas que les aliments soient offerts au végétal
en proportion trop considérable,* soit individuellement,
soit ensemble; car son dépérissement, sa maladie et sa
mort pourraient en être la suite : trop d'*eau* noie la
plante; trop d'*azote*, c'est-à-dire *trop d'engrais* l'altère
et peut la faire pourrir; les pommes de terre sont dans
ce cas. J'aurai occasion de revenir, plus loin, sur l'importance de ces indications. (*Voir* les chapitres où il est
traité des engrais.)

CHAPITRE V.

Des sols et des amendements qui leur conviennent.

—

SECTION PREMIÈRE. — CONDITIONS GÉNÉRALES QUE DOIVENT
RÉALISER LES SOLS PROPRES A LA CULTURE.

191me Q. — *Quelles sont les relations qui existent entre les sols et les éléments inorganiques des récoltes?*

R. — Les matières inorganiques acides, alcalines et salines qui se rencontrent dans les cendres des végétaux, se retrouvent toutes dans les divers terrains, et cela, indépendamment de tout engrais. Le sol est donc l'élément premier de la végétation, en ce sens que seul il peut fournir à la plante les substances inorganiques qui doivent donner à ses tissus la résistance et la solidité nécessaires; ces matières sont donc indispensables, et ce qui le prouve, c'est que les composés organiques eux-mêmes en renferment, pour la plupart, une certaine proportion, bien que leur nature ne le comporte pas rigoureusement. Ainsi, par exemple, l'*amidon* et le *gluten*, qui constituent la farine, étant calcinés à l'air, laissent un résidu en grande partie formé de phosphates de chaux et de magnésie.

192me Q. — *Quels sont les caractères essentiels de la terre cultivable?*

R. — 1° Le terrain doit être assez meuble pour que les racines puissent le pénétrer facilement et se propager dans toutes les directions.

5.

2° Le sol doit avoir une profondeur suffisante pour le développement vertical des racines ; on sait qu'il en est qui tendent à s'enfoncer dans la terre et qui, lorsqu'elles rencontrent un sous-sol très-résistant, se replient et poussent latéralement.

3° Les matières qui composent le terrain doivent se trouver entre elles dans un certain état de combinaison ou de mélange, lequel doit être le plus favorable possible au travail d'assimilation qui caractérise la vie des plantes.

4° La terre doit être assise de telle façon que les eaux ne puissent y séjourner longtemps, ni s'en échapper avec une trop grande promptitude. Un sous-sol argileux ou formé de roches compactes donnerait lieu au premier inconvénient ; graveleux et sablonneux, le sous-sol entraînerait le second désavantage, c'est-à-dire la filtration rapide de l'eau apportée sur le terrain cultivé, et la dessiccation trop prompte de celui-ci.

5° Les substances de toute nature qui entrent dans la formation du sol doivent avoir une ténuité telle que l'air ait un accès facile dans l'épaisseur de la couche de terre. Cette porosité est favorable à l'alimentation des plantes par les principes contenus dans l'atmosphère, à la décomposition des engrais enfouis, et à la pénétration de l'eau des irrigations et des pluies.

193ᵐᵉ Q. — *Qu'appelle-t-on sous-sol et quelle peut être son influence ?*

R. — Le sous-sol est représenté par les couches terreuses placées immédiatement au-dessous du sol cultivable ; son influence est des plus grandes. En effet, il ne suffit point que la position, l'ameublissement, la profondeur, la composition du sol se trouvent dans les limites les plus favorables, pour que les récoltes soient assurées en proportion de ces éléments de succès. J'ai indiqué, dans la réponse précédente, les inconvénients attachés à l'existence d'un sous-sol trop compacte, trop dur ou trop perméable.

On comprend, néanmoins, que les conséquences de la nature physique ou chimique du sous-sol ne sauraient être absolues, et que la nature du terrain supérieur est pour beaucoup dans l'influence avantageuse ou nuisible que doit exercer le sous-sol. Ainsi, un terrain fort compacte peut se très-bien trouver d'un sous-sol graveleux, lequel serait préjudiciable à une terre légère et déjà disposée à laisser filtrer, sans la retenir, l'eau qui lui est apportée. De même, un sous-sol argileux peu perméable serait moins à redouter s'il supportait une terre sablonneuse. Au reste, quelle que soit sa nature, le sous-sol le plus favorable sera celui dans lequel le mélange mécanique des diverses matières qui le constituent sera le plus complet et le plus intime.

194me Q. — *L'existence de pierres, de cailloux à la surface du sol est-elle toujours nuisible?*

R. — L'expérience a prouvé, contrairement à l'opinion générale, que la présence des pierres était avantageuse, dans de certaines limites, bien entendu, pour les terres légères, peu profondes, et de nature à se dessécher promptement. Il en est autrement pour les terres fortes et argileuses. Il paraît que c'est particulièrement pour la culture de la vigne qu'un sol caillouteux est préférable ; les pierres, en réverbérant les rayons du soleil sur les objets environnants et par suite sur les raisins, facilitent la maturité de ces fruits, en même temps qu'elles préservent plus ou moins le sol contre l'action immédiate de la chaleur solaire.

195me Q —*De quoi sont composés tous les sols cultivables?*

R. — Les sols, comme les végétaux eux-mêmes, sont constitués par une partie organique destructible par le feu et par une partie inorganique qui reste après la calcination. (*Voir* Q. 86, 87 et 88.)

196ᵐᵉ Q. — *A quoi sont dues les matières organiques qui existent dans le sol?*

R. — Elles résultent des débris de racines et de plantes, ainsi que des engrais de toutes sortes enfouis dans la terre.

197ᵐᵉ Q. — *La partie organique du sol influe-t-elle sur la fertilité de celui-ci?*

R. — Extrêmement, et dans les circonstances où cette partie organique est abondante et convenable, elle rend inutile l'emploi des engrais pendant un temps plus ou moins long.

198ᵐᵉ Q. — *La fertilité du sol, due à la matière organique qu'il renferme, se maintient-elle indéfiniment?*

R. — Non sans doute, et chaque récolte prise sur le terrain épuise plus ou moins celui-ci d'un ou de plusieurs des éléments qui constituaient cette partie organique. Au bout d'un certain temps, variable suivant la richesse du sol et la nature des récoltes, la terre se trouvera épuisée presque totalement et deviendra stérile.

199ᵐᵉ Q. — *Que faut-il faire pour que cet épuisement du sol ne se produise pas?*

R. — Il faut constamment lui rendre, sous forme d'engrais et d'amendements, les principes qui lui ont été soustraits par les végétaux récoltés.

SECTION II. — DES DIVERSES ESPÈCES DE SOLS ET DES AMENDEMENTS QUI LEUR CONVIENNENT.

200ᵐᵉ Q. — *Comment divise-t-on les sols?*

R. — Les divisions qui ont été adoptées par plusieurs auteurs sont nombreuses et ne reposent pas, d'ailleurs, sur des dissemblances marquées. Je n'en parlerai donc point et je n'admettrai que la division la plus simple et la plus rationnelle, celle qui partage les sols en trois espèces bien distinctes.

1° Les terres *argileuses*.

2° Les terres *calcaires*.

3° Les terres *siliceuses et sablonneuses*.

Tous les sols consacrés à l'agriculture sont des composés de ces trois genres en proportions plus ou moins grandes. Il est bien vrai que les sols renferment d'autres éléments que ceux indiqués par cette classification, mais ces corps, dont l'action peut être avantageuse ou nuisible à la végétation, n'y existent point en quantité suffisante pour diminuer l'influence du principe qui constitue la base du terrain. Ainsi, par exemple, les terres argileuses contiennent de la *silice*, de la *potasse*, du *fer*, de la *chaux*, etc., etc., mais ces matières ne font qu'amender, sans la détruire, l'influence exclusive de l'argile. Il existe des terrains trop riches en certains éléments, en *fer* et en *manganèse*, entre autres, et qui sont, par cela même, infertiles ; mais on doit se souvenir de ce que j'ai déjà dit plus haut, savoir : que des sols exclusivement *argileux*, *calcaires* ou *siliceux* seraient tout aussi stériles que ceux qui renferment trop de fer ou de manganèse.

201ᵐᵉ Q. — *Quelle est la composition ordinaire des sols, eu égard à l'élément qui y domine ?*

R. — Généralement on regarde un sol comme :

Sablonneux : s'il renferme plus de 70 p. °/₀ de sable.

Argileux : s'il renferme plus de 50 p. °/₀ d'argile.

Calcaire : s'il renferme plus de 10 p. °/₀ de carbonate de chaux.

Ce sont là les rapports les plus ordinairement admis pour la classification vulgaire des terrains cultivables.

202ᵐᵉ Q. — *Quels sont les caractères des sols argileux ?*

R. — Les terres argileuses et glaiseuses, qu'on appelle assez communément *terres fortes*, sont plus compactes, moins perméables à l'air, retiennent fortement l'eau, sont pâteuses dans les temps humides et deviennent quelquefois très-dures dans les sécheresses. (*Voir* ARGILE, p. 109.)

203me Q. — *Quels amendements convient-il d'appliquer aux sols argileux ?*

R. — Cette question est facile à résoudre : trop compactes, il faut les ameublir ; trop humides, il faut les saigner ; trop énergiques à retenir l'eau, on doit, en les rendant plus poreux, faciliter l'écoulement et l'évaporation de celle-ci. Il résulte de ces données rationnelles que, sur les argiles calcaires, on apportera du sable, des cendres de houille, du gravier, etc., tandis qu'aux argiles sablonneuses on incorporera de la marne, de la chaux, du plâtre, etc.

204me Q. — *Quels sont les caractères des sols calcaires ?*

R. — Les terrains appartenant à cette catégorie sont assez souvent désignés sous la dénomination de *terres ardentes* ou *terres chaudes*, à cause de leur sécheresse et de l'activité avec laquelle la végétation s'y développe.

Le carbonate de chaux en forme toujours la base, mais il se trouve mélangé avec plus ou moins de sable, d'argile, de marne et de terreau.

205me Q. — *Quels amendements convient-il d'appliquer aux sols calcaires ?*

R. — C'est encore le bon sens qui doit guider dans cette circonstance, et qui indique que c'est à l'argile, à la terre glaise, à la marne argileuse, au limon des rivières, etc., qu'il faut avoir recours pour donner au terrain les propriétés qui lui manquent.

206me Q. — *Quels sont les caractères et la composition des sols sablonneux ?*

R. — Ils renferment jusqu'à 92 pour cent de sable et ne contiennent qu'une très-petite quantité d'alumine, d'oxyde de fer, de chaux, de magnésie et de terreau. Cette terre est sans consistance, sèche, n'absorbe pas l'humidité de l'air et laisse filtrer l'eau presque au fur et à mesure que celle-ci y tombe. Elle absorbe la chaleur avec une énergie d'autant plus à craindre que sa porosité détermine promptement l'évaporation de l'eau qu'elle contient. On donne assez généralement le nom de *terres légères* aux sols sablonneux. On voit, par l'exposé des caractères ci-dessus, que les terres sablonneuses, même celles qui renferment le moins de sable, ne doivent point offrir une végétation très-variée ni très-vigoureuse, car il leur manque plusieurs des éléments essentiels à la prospérité des récoltes, et les engrais, en vertu de la porosité du sol, s'y décomposent avec une grande promptitude ; de là, l'obligation de procéder comme pour les terrains calcaires, c'est-à-dire de ne fumer que peu et souvent.

207me Q. — *Quels amendements convient-il d'appliquer aux sols sablonneux ?*

R. — Les amendements argileux et calcaires, la marne, sont les meilleurs à employer pour donner aux sols sablonneux ce qui leur manque et pour les rendre plus compactes et moins secs.

SECTION III. — DE LA PRÉPARATION DU SOL.

208me Q. — *Quelles sont les opérations que comporte la préparation du sol?*

R. — Pour qu'il soit propre à la culture et qu'il puisse produire son *maximum* d'effet, le terrain doit être l'objet de certains travaux préparatoires qui ont pour but de modifier sa nature physique et, plus ou moins, sa composition chimique. Ces opérations se réduisent aux suivantes :

1° L'ameublissement du sol.

2° Le mélange intime des matières dont le sol est composé.

3° Le soulèvement à la surface de la partie profonde du sol.

4° La destruction des mauvaises herbes.

209me Q. — *En quoi l'ameublissement et la pulvérisation du sol sont-ils utiles?*

R. — Tous les terrains argileux sont disposés à s'agglomérer et à former des mottes plus ou moins volumineuses et d'une dureté variable; plus le sol est glaiseux, plus cette disposition se manifeste. Cette agglomération de la terre est fâcheuse en ce qu'elle nuit au développement des racines des plantes et, conséquemment, à l'accroissement des plantes elles-mêmes. Il faut donc détruire le mal et donner au sol la porosité et la ténuité nécessaires pour que les racines puissent le pénétrer dans tous les sens; cela est surtout indispensable pour la betterave, la carotte et les végétaux dont les racines sont profondes et affectent d'ailleurs une direction constante. Plus le terrain est meuble, divisé, et plus, toutes choses égales d'ailleurs, la nutrition est active. Cela tient à ce que la terre est mieux pénétrée par les principes alimentaires, à ce que les engrais se décomposent avec plus de promptitude et, surtout, à ce que les radicules et les suçoirs des racines s'étendent sur une plus grande surface. Quant à l'opinion de certains cultivateurs qui pensent que la pulvérisation complète de la couche de terre végétale peut remplacer les engrais, elle est évidemment erronée. En effet, l'ameublissement du terrain peut bien favoriser l'absorption des principes gazeux de l'atmosphère, mais ne saurait produire les phosphates, les sulfates, les chlorures, les alcalis, etc., etc., qui sont essentiels à la constitution des végétaux.

210me Q. — *Quelle est l'influence qu'exerce sur la récolte le mélange intime des parties dont le sol est composé?*

R. — Cette influence est facile à concevoir. Les plantes qui croissent sur un terrain, pour se développer également, ce qui est une des conditions de la bonne culture, doivent être soumises aux mêmes circonstances et, par conséquent, recevoir une alimentation uniforme. Or, cette alimentation ne saurait être la même si les diverses parties de la terre, si les amendements, si les engrais apportés, n'ont pas été répartis avec régularité et d'une manière égale ; dans ce cas, la végétation sera plus active aux points où la matière nutritive sera plus abondante, et sera, au contraire, retardée et chétive aux endroits qui, par la mauvaise répartition, auront été négligés.

Si, maintenant, nous supposons l'emploi d'un amendement énergique, comme la chaux par exemple, les conséquences d'un mélange incomplet seront encore plus graves ; l'accumulation de cette substance sur certaines parties du champ aura pour effet, presque inévitable, de brûler et de détruire la plante et d'amener ainsi la stérilité au lieu de produire l'abondance. Beaucoup d'engrais et d'amendements actifs n'ont dû leur insuccès qu'à une méthode vicieuse de répartition.

214ᵐᵉ Q. — *Est-il utile de ramener à la surface du sol une couche de terre profondément située ?*

R. — Évidemment. En général, les couches inférieures tendant à se tasser et à devenir compactes, il est avantageux de les remuer afin de leur rendre leur perméabilité première, laquelle facilite la filtration plus ou moins rapide des eaux et met obstacle à leur accumulation. Quelle que soit d'ailleurs la nature de la couche inférieure de terre, elle est presque toujours différente de celle de la tranche supérieure et susceptible, par conséquent, de la modifier par son mélange. En outre, il arrive fréquemment que des matières fertilisantes organiques existent dans l'épaisseur de la couche profonde, sans pouvoir se décomposer, à l'abri qu'elles sont du contact de l'air ; dans ce cas, il est hors de doute que le bouleversement du terrain ne pourra encore être que favorable au développement de la végétation.

A ce qui précède, il faut, cependant, ajouter quelque chose et reconnaître qu'il est des circonstances dans lesquelles on doit craindre de remuer profondément le sol. Ainsi, par exemple, dans la partie supérieure du sous-sol on rencontre, entre autres substances, le fer provenant de l'usure des instruments et une grande partie de celui de la couche arable qui, en vertu de sa pesanteur, s'est, en quelque sorte, tamisé jusqu'à la tranche moins perméable. Il est donc évident que ramener à la surface du terrain, surtout s'il est ferrugineux par lui-même, une forte proportion de fer, il est évident, dis-je, que cette manœuvre pourra être plus ou moins nuisible à la végétation prochaine. Je dis *prochaine*, parce que le fer n'est fâcheux pour les récoltes que lorsqu'il n'a point été suffisamment exposé à l'air ; au bout d'un certain temps, sa mauvaise influence cesse ou, du moins, diminue beaucoup.

212ᵐᵉ Q. — *Quelle influence exerce sur les récoltes la destruction des mauvaises herbes ?*

R. — Cette destruction est une des manœuvres les plus prochainement liées à l'abondance des récoltes. On conçoit aisément, au reste, qu'il doive en être ainsi, les herbes parasites soustrayant, à leur profit, une partie des éléments assimilables du sol. Détruire ces plantes inutiles, c'est donc réserver aux végétaux qu'on cultive l'aliment indispensable à leur croissance; mais on comprend que plus la destruction sera tardive, moins son utilité sera grande et appréciable, sauf le cas où on serait en position d'enfouir sur le terrain même les mauvaises herbes qu'on en arracherait, car, alors, les matières organiques sont de véritables engrais. En effet, en enfouissant les herbes, on restitue à la terre non-seulement les substances nutritrives qu'elles ont assimilées, mais encore les principes alimentaires et fertilisants que ces végétaux ont absorbés dans l'air ; il y a donc là, en résumé, un accroissement dans la quantité des matériaux propres à la nutrition des plantes. C'est ce qui explique si clairement l'importance des engrais verts. Quant au mode de destruction des mauvaises herbes, il varie suivant la nature de celles-ci, et selon qu'elles se multiplient par leurs semences ou qu'elles se propagent par leurs racines; les labours, les sarclages, la herse, etc., peuvent servir à atteindre le but désiré.

213ᵐᵉ Q. — *Quelles sont les diverses préparations que l'on fait subir aux sols cultivables?*

R. — Ces préparations, qui ont pour objet de satisfaire aux indications qui précèdent, sont : les *labours*, le *hersage*, le *roulage*, le *buttage*, le *houage* et le *binage*. Elles ont, outre leurs effets mécaniques, l'avantage de faciliter l'absorption des principes atmosphériques par le sol. Quant aux diverses manières de les effectuer suivant la nature des terrains et celle des végétaux cultivés, elles rentrent dans le domaine exclusif de l'agriculture pratique et ne sauraient, à ce titre, trouver place dans cet ouvrage. Je dirai, néanmoins, quelques mots relativement aux *labours* dont j'ai indiqué, au reste, l'utilité à la trentième question. Les agronomes ne sont point tous d'accord touchant la profondeur à donner aux labours. Cependant, à moins que la partie profonde du sol ne renferme des matières essentiellement nuisibles à la végétation, telles que le fer en excès, par exemple, il est avantageux de labourer profondément, non-seulement afin d'ameublir le terrain, de donner plus de latitude aux racines et de favoriser l'accès vivifiant de l'air atmosphérique, mais aussi afin de tirer parti des matières fertilisantes de toutes sortes qui se sont enfouies peu à peu. Ainsi, il est démontré que la chaux, la marne, l'argile descendent graduellement et se tamisent, en quelque sorte, à travers la couche meuble du sol. S'il en est ainsi des matières terreuses insolubles, on conçoit facilement que les substances salines doivent, à plus forte raison, et par l'infiltration des eaux, parvenir quelquefois à d'assez grandes profondeurs. C'est ainsi que la couche inférieure peut s'enrichir, par dégrés, des matières fertilisantes dont la couche arable aura été dépouillée; retourner une portion d'un tel sous-sol, c'est restituer à la terre une partie de ce qu'elle a perdu. On doit, cependant, tenir compte de la nature physique du sous-sol et par conséquent des modifications que son *défoncement* peut apporter à la légèreté ou à la compacité de la couche arable. Quant au nombre de labours à donner à une terre, il ne faudrait point les exagérer, car, alors, les avantages réalisés ne compenseraient pas la dépense.

CHAPITRE VI.

Du desséchement des terrains.

214me Q. — *Quels sont les caractères principaux des terres humides ?*

R. — Une terre est humide lorsqu'elle se dessèche très-lentement après la pluie, ou bien, surtout, quand elle conserve l'eau avec une opiniâtreté et une abondance telles que les travaux de culture sont difficiles ou même impossibles. Les terres fortes et très-argileuses qui ont un sous-sol constitué par une couche d'argile ou par des roches compactes, sont spécialement dans ce cas; il en est à peu près ainsi pour les terres marécageuses et tourbeuses. Quant aux terrains sur lesquels il se forme, après de grandes pluies, des espèces de mares qu'une longue sécheresse peut seule faire disparaître, ils appartiennent aux sols du même ordre, et leur nature tient aux mêmes causes.

215me Q. — *Pourquoi les terres très-humides sont-elles peu propres à la végétation ?*

R. — Pour plusieurs raisons dont voici les principales :

1° Toutes les terres humides sont froides et, cela, pour un motif bien simple : c'est que la chaleur des rayons solaires, au lieu de *réchauffer* le sol, sera employée à évaporer l'eau à la surface ; de sorte que les racines ne ressentiront jamais cette impression de chaleur vivifiante si favorable au développement des végétaux.

2° Quand la terre est imprégnée d'eau, la nourriture des plantes étant très-délayée, celles-ci doivent absorber une plus grande masse de liquide pour se procurer la quantité d'aliments organiques et minéraux qui leur est indispensable. Le travail de nutrition sera donc excessif, ou l'alimentation deviendra insuffisante, deux circonstances également contraires.

3° La présence d'une forte proportion d'eau dans les tiges et dans les feuilles, donnant lieu à une évaporation active et considérable à la surface des parties vertes, la température des plantes elles-mêmes est d'autant moins élevée ; les modifications chimiques qui doivent s'effectuer dans les végétaux et qui dépendent plus ou moins de la chaleur intérieure s'accomplissent donc plus lentement.

4° L'imbibition permanente d'un terrain met obstacle à la circulation de l'air dans ses diverses parties. En effet, supposons l'existence de l'eau à une profondeur peu considérable, qu'arrivera-t-il ? A mesure que la chaleur du soleil évaporera l'humidité de la surface, une autre portion du liquide s'élèvera jusqu'à celle-ci pour remplacer l'eau disparue ; cette attraction de bas eu haut continuera tant que la température de l'atmosphère restera sèche. Il est évident que ce courant d'eau de *bas en haut* empêchera la circulation de l'air de *haut en bas.*

5° L'humidité trop grande s'oppose à la décomposition des engrais, car ceux-ci, imbibés d'eau, ne fermentent que très-lentement, ou bien produisent des principes acides plus ou moins malsains pour les plantes.

216ᵐᵉ Q. — *Comment le desséchement d'un sol humide améliore-t-il ce dernier ?*

R. — En changeant les conditions mentionnées dans la réponse précédente. Privé de son humidité, le sol devient plus chaud, plus poreux, perméable à l'air et par conséquent propre au développement des racines. Les engrais, d'un autre côté, fermentent, absorbent l'oxygène et fournissent les principes gazeux et solubles essentiels au progrès de la végétation.

217ᵐᵉ Q. — *Convient-il de dessécher tous les terrains humides et comment procède-t-on ?*

R. — Ce ne sont pas seulement les terres argileuses et tenaces que l'on a avantage à dessécher ; il est évident que tous les terrains où l'humidité est, en quelque sorte, surabondante, doivent bénéficier par cette opération. S'il arrive qu'une source, par exemple, aboutisse à la surface d'un sol sablonneux, il sera bon de creuser un ou plusieurs canaux pour éconduire les eaux ; on pratiquerait également des rigoles d'écoulement dans le cas où le sol sablonneux reposerait sur une couche dure et résistante plus ou moins imperméable.

Anciennement (et encore aujourd'hui dans quelques localités), on se bornait à faire des rigoles plus ou moins profondes dans lesquelles on mettait des pierres, des *crayats*, des débris de briques, ou toute autre matière en assez gros morceaux pour laisser entre ceux-ci un large passage à l'eau. Dans d'autres endroits on creusait des tranchées profondes, auxquelles on donnait la pente convenable, et pour permettre l'écoulement de l'eau, on formait, avec des tuiles, des espèces de conduits, lesquels, par malheur, s'engorgeaient souvent ou s'affaissaient.

Aujourd'hui, on désigne plus particulièrement sous le nom de *drainage* l'opération du desséchement des terrains, et on se sert, pour effectuer celui-ci, de tuyaux en terre argileuse (terre à briques) cuite placés à une profondeur convenable, qu'on réunit par des manchons également en terre et à l'ensemble desquels on donne une inclinaison suffisante. Cette méthode donne des résultats excellents.

Dans les terrains marécageux, la couche d'argile qui retient l'eau est fréquemment appuyée sur un lit de sable; il est évident qu'en perçant cette tranche d'argile de manière à faire arriver l'eau jusqu'à la couche de sable sous-jacente, on desséchera le terrain ; mais on comprend aussi que la nature du sol à traverser, son épaisseur, sa dureté, etc., entreront en ligne de compte relativement à l'opportunité de cette manœuvre. Quand les circonstances ne sont point trop désavantageuses, on peut, avec une tarière de trois à quatre pouces de diamètre, percer plus ou moins de trous à travers lesquels s'opère la filtration de l'eau stagnante. Pour empêcher les trous de se combler, on y glisse des tuyaux en bois ou en terre auxquels on fait arriver l'eau par des tranchées de quinze à vingt pouces de profondeur.

CHAPITRE VII.

Des assolements.

218ᵐᵉ Q. — *Un sol fertile et bien préparé peut-il devenir stérile?*

R. — Certainement; il peut devenir stérile *relativement* ou *absolument*. Il deviendra *relativement* stérile si on s'obstine à lui faire produire longtemps *la même es-*

pèce de récolte, et dans ce cas, au bout d'un certain temps, le sol refusera de donner la récolte demandée. Cela tient à ce que les mêmes végétaux, successivement recueillis sur le même terrain, ont enlevé à celui-ci certains principes inorganiques nécessaires à leur croissance. Il est évident que lorsque le terrain aura tout perdu, il n'aura plus rien à donner et sera devenu stérile *relativement* aux éléments qui lui feront défaut. Mais ce terrain, stérile quant aux récoltes qui lui demandent ce qu'il n'a plus, pourra fort bien produire d'autres récoltes qui n'exigeront de lui que ce qu'il possède. C'est sur ce principe, aujourd'hui bien compris, que sont fondés les systèmes d'assolements et les successions des diverses cultures sur un même terrain.

Un sol pourra devenir *absolument* stérile lorsqu'il aura été épuisé de presque tous les principes nécessaires aux végétaux par des cultures successives, et sans qu'on ait pu ou voulu lui restituer les éléments divers qui lui ont été enlevés par les plantes. Dans cette occurrence, le terrain ne sera plus susceptible de fournir, *tel qu'il sera*, de récolte *lucrative*.

219ᵐᵉ Q. — *Un terrain absolument épuisé peut-il reconquérir sa fertilité?*

R. — Oui, au bout d'un temps plus ou moins long et après qu'on lui aura rendu ce qui lui manque par des engrais ou des amendements.

220ᵐᵉ Q. — *Quelles sont les considérations générales en faveur du système des assolements?*

R. — Ces considérations sont assez nombreuses et en même temps si importantes, que je crois utile de les examiner avec une attention sérieuse; je serai d'ailleurs le plus bref qu'il me sera possible de l'être. Les assolements ont évidemment pour but de tirer du sol le parti le plus avantageux pour la prospérité de l'exploitation agricole; mais pour atteindre ce but, le système a besoin d'être appliqué

avec beaucoup d'intelligence. En premier lieu, il importe
de bien connaître la nature des modifications qu'éprouvent
les terres sur lesquelles on cultive successivement des
plantes différentes. Ces modifications sont nécessairement
les conséquences du mode de nutrition propre à chacune
ou à plusieurs de ces plantes; car, je l'ai déjà dit à plusieurs reprises dans le cours de cet ouvrage, les éléments
pris au sol par des végétaux différents, sont loin d'être
absorbés en proportions égales pour chacun d'eux. En
outre, l'époque de la croissance à laquelle la récolte se
fait influe considérablement sur le degré d'épuisement
du terrain. En effet, l'époque de la croissance à laquelle
les plantes épuisent davantage le sol, c'est depuis le moment de la fécondation jusqu'à celui où elles mûrissent
leurs semences, car c'est pour la constitution de la graine
que l'élaboration organique est la plus compliquée et que
les éléments nutritifs sont les plus nécessaires. L'état de
la végétation au moment où la récolte doit se faire est
donc une circonstance essentielle à considérer. Lorsqu'on
fauche une récolte au moment de la floraison, ou avant
cette époque, le sol est de beaucoup moins épuisé que
lorsqu'on la laisse sur pied jusqu'à la maturité des graines,
car celles-ci réclamant une forte proportion de principes
nutritifs, le terrain n'a pu les leur fournir qu'en s'en
appauvrissant lui-même dans une certaine mesure proportionnelle à sa richesse primitive. Il en est de même
pour les végétaux qui, sans porter de semences, exigent
une alimentation substantielle; tels sont les *choux*, le
pastel, le *tabac*, les *oignons*, etc. Il est néanmoins, à
cet égard, une observation à faire, laquelle a beaucoup
d'importance : c'est que les végétaux,—et je l'ai démontré
suffisamment dans plusieurs chapitres de ce livre, — c'est
que les végétaux, dis-je, ne puisent pas exclusivement
leurs éléments dans le sol, mais en empruntent aussi à
l'air atmosphérique. Il résulte de cette circonstance que

les plantes qui, à raison de leur organisation, soutirent de l'atmosphère une plus grande quantité d'aliments, sont celles qui constituent les cultures les plus profitables *sous le rapport de la proportion de leur matière organique créée*. Une autre circonstance dont il faut aussi tenir un compte sérieux, c'est la quantité du résidu qui est, après la récolte, abandonnée sur le sol ou enfouie dans son sein. Pour les pommes de terre, on laisse les fanes; pour la betterave, les feuilles et les collets des racines. Il est évident que les matériaux nutritifs représentés par ces matières ne doivent point être considérés comme ayant ét soustraits au terrain, puisqu'ils y retournent sous une autre forme.

Les récoltes les moins épuisantes sont donc celles qui, en même temps qu'elles puisent le plus énergiquement dans l'atmosphère les éléments de leur nutrition, laissent aux terrains sur lesquels elles croissent le plus de débris végétaux. On comprend, en effet, que si la matière organisée dont l'industrie tire parti, pouvait, dans une récolte, être représentée par le produit de l'absorption atmosphérique, il n'y aurait point d'épuisement du sol; en conséquence, plus on se rapprochera de cette condition dans une culture, plus cette culture sera favorable au maintien de la fertilité du sol. Ce qui précède n'est relatif qu'à la *matière organique* produite par l'élaboration des éléments de l'air et du terrain; mais il me reste à envisager la question au point de vue des *matériaux inorganiques* que celui-ci seul peut fournir, et que l'atmosphère ne contient pas. Tout ce qu'une récolte renferme de potasse, de soude, de chaux, de phosphates, de sulfates, etc., etc., provient évidemment du sol et doit nécessairement l'épuiser. Comme Boussingault le fait remarquer avec raison relativement à ces matières inorganiques, l'assolement, pour être avantageux et pour avoir un succès durable, doit être tel que les récoltes exportées ne privent pas les fumiers de la quantité constante de substances minérales qu'ils doivent contenir. Exemple : une sole de trèfle perd, en moyenne, 84 kilogrammes d'alcali par hectare. Si le fourrage est consommé sur place, la plus grande partie de la potasse et de la soude retourneront aux fumiers en passant par le bétail, de sorte que la terre ne perdra rien, pour ainsi dire; mais si, au contraire, le fourrage est vendu, il est clair que le sol de l'exploitation est appauvri de tout l'alcali exporté et qu'il faut lui rendre cet alcali par des amendements ou des engrais *achetés*, si on veut que la fertilité reste la même. En un mot, l'agriculture *ne saurait créer des matières inorganiques*, et si elle les enlève au moyen des récoltes, elle est contrainte de les restituer par les engrais. Cependant, ainsi que je l'ai déjà dit, il peut se faire que par la désassociation des éléments insolubles du sol, une nouvelle quantité de substance minérale soit rendue spontanément assimilable et dispense ainsi de l'amendement qui aurait pour but de la restituer au terrain; mais cette richesse nouvelle ne se développant que très-lentement, on ne pourra cultiver de nouveau sur le sol appauvri les végétaux qui l'ont épuisé, que lorsque l'accumulation des principes minéraux qui lui manquent se sera effectuée par la décomposition des roches. C'est là une des raisons qui avaient fait croire à la nécessité de la jachère; mais il est évident qu'on cultivera avec avantage sur ce terrain, *pauvre en certains principes*, des plantes pour lesquelles ces mêmes principes ne sont point une condition première d'existence et qui, dès lors, peuvent s'en passer. On pourra ainsi gagner le temps après lequel la première culture pourra être reprise.

221ᵐᵉ Q. — *Toutes les plantes exercent-elles sur le sol la même influence?*

R. — Assurément non, car toutes ne lui enlèvent pas

la même proportion de principes, et surtout ne lui rendent pas la même quantité de substance fertilisante. *Schwerz*, l'illustre agrononome allemand, a classé les plantes en :

Plantes qui enrichissent le sol ;

Plantes qui améliorent le sol ;

Plantes qui ménagent le sol ;

Plantes qui appauvrissent le sol ;

Plantes qui épuisent le sol.

Sans trouver cette division à l'abri de toute objection, je la considère comme essentiellement propre à donner une idée juste des relations qui lient intimement la composition des récoltes avec la constitution chimique des terrains qui les produisent.

222me Q. — *Comment une plante peut-elle enrichir le sol?*

R. — En lui donnant plus qu'elle n'en reçoit.

Premier exemple.

On sème du sarrasin et puis on l'enfouit vert. Comme les végétaux puisent une partie de leur nourriture dans l'air, il est évident que le sarrasin enfoui, en même temps qu'il rend au sol tout ce qu'il en a tiré, y introduit la partie de sa substance qu'il a puisée dans l'atmosphère. Le terrain est donc plus riche après qu'avant l'opération.

Second exemple.

On plante une forêt et on ne la défriche qu'après une longue suite d'années; à chacune de celles-ci, les feuilles, les menues branches, etc., tombent sur la terre, y pourrissent, y pénètrent en dissolution dans l'eau des pluies, et ainsi enrichissent le sol de leur substance qui provient de l'air presque en totalité.

223me Q. — *Comment une plante peut-elle améliorer le sol?*

R. — 1° Directement, en lui rendant tout ce qu'elle en a tiré.

2° Indirectement, en nécessitant, pour la culture, des labours, des sarclages ou autres opérations favorables. Le *trèfle*, les *féveroles* satisfont à la première de ces conditions.

224ᵐᵉ Q. — *Quelles sont les récoltes qui ménagent le sol?*

R. — Celles qui lui prennent peu de principes nutritifs et, spécialement, presque toutes les plantes fauchées en vert avant la formation des semences , telles que les *trèfles*, le *seigle*, le *trèfle blanc*, etc. Dans ce cas, l'atmosphère fait presque tous les frais de la nutrition végétale.

225ᵐᵉ Q. — *Comment les plantes peuvent-elles appauvrir et épuiser le sol?*

R. — A la rigueur, toutes les plantes appauvrissent le sol, puisque toutes, sans exception, lui doivent une partie de leur substance, mais j'ai dit plus haut les compensations possibles à cette nécessité générale. Quant aux végétaux épuisants, Schwerz appelle ainsi tous ceux qui exigent beaucoup d'engrais, ne permettent pendant leur végétation aucune culture, occupent quelquefois la terre plus d'une année et ne rendent rien au sol en échange de ce qu'elles en ont tiré. Exemple : le *houblon*, la *garance*, le *colza*, le *chanvre*, le *lin*, etc., etc.

226ᵐᵉ Q. — *Citez quelques exemples d'assolements qui ont été suivis avantageusement en Belgique?*

R. — En voici quelques-uns mentionnés par Schwerz, avec indication des localités où ils ont été suivis :

A. *Assolements de quatre ans, près d'Anvers.*

1. Pommes de terre.
2. Avoine.
3. Trèfle.
4. Blé et navets en récolte dérobée.

B. *Assolements de cinq ans, près d'Anvers.*

1. Pommes de terre.
2. Seigle, puis navets.

3. Avoine.
4. Trèfle.
5. Blé, puis navets.

C. *Assolements de six ans, pays de Waes.*

A.	B.
1. Pommes de terre.	1. Pommes de terre.
2. Seigle avec carottes.	2. Seigle.
3. Lin.	3. Lin.
4. Trèfle.	4. Blé.
5. Seigle, puis navets.	5. Seigle, puis navets.
6. Avoine ou sarrasin.	6. Navets.

D. *Assolements de neuf ans, environs d'Alost.*

1. Pommes de terre (forte fumure et labour à la bêche).
2. Avoine.
3. Lin fumé.
4. Trèfle saupoudré de cendres.
5. Blé.
6. Colza repiqué, en pleine fumure.
7. Blé.
8. Méteil.
9. Seigle.

E. *Assolements de neuf ans, environs de Courtrai.*

1. Pommes de terre.
2. Lin, puis navets.
3. Avoine.
4. Trèfle.
5. Blé.
6. Seigle.
7. Colza.
8. Orge d'hiver.
9. Seigle, puis navets.

Outre les assolements que je viens d'énumérer, il en

est quelques autres encore en usage en Belgique et, spécialement, dans les Flandres, où l'agriculture est généralement plus en progrès que dans le pays wallon. Voici les principaux, avec indication des engrais appliqués à la terre pendant la durée de la rotation.

<table>
<tr><td colspan="2">A.</td><td colspan="2">B.</td></tr>
<tr><td>1.</td><td>Pomm. de terre (fumier solide).</td><td>1.</td><td>Navets (compost).</td></tr>
<tr><td>2.</td><td>Lin (fumier liquide).</td><td>2.</td><td>Avoine (fumier solide).</td></tr>
<tr><td>3.</td><td>Seigle (fumier liquide), puis navets.</td><td>3.</td><td>Lin (fumier liquide).</td></tr>
<tr><td>4.</td><td>Avoine (fumier solide).</td><td>4.</td><td>Blé (fumier liquide).</td></tr>
<tr><td>5.</td><td>Trèfle (cendres).</td><td>5.</td><td>Seigle, puis navets.</td></tr>
<tr><td>6.</td><td>Seigle (fumier liquide).</td><td>6.</td><td>Pomm. de terre (fumier).</td></tr>
<tr><td>7.</td><td>Seigle (fumier solide), puis navets.</td><td>7.</td><td>Blé, puis navets.</td></tr>
</table>

<table>
<tr><td colspan="2">C.</td><td colspan="2">D.</td></tr>
<tr><td>1.</td><td>Pomm. de terre fumées.</td><td>1.</td><td>Navets (fumier).</td></tr>
<tr><td></td><td></td><td>2.</td><td>Avoine (fumier liquide).</td></tr>
<tr><td>2.</td><td>Méteil, puis navets.</td><td>3.</td><td>Trèfle (cendres).</td></tr>
<tr><td></td><td></td><td>4.</td><td>Blé, puis navets.</td></tr>
<tr><td>3.</td><td>Avoine (fumier).</td><td>5.</td><td>Lin (fumier liquide ou tourt. de colza en poud.).</td></tr>
<tr><td>4.</td><td>Lin (fumier liquide).</td><td>6.</td><td>Blé.</td></tr>
<tr><td></td><td></td><td>7.</td><td>Seigle (fumier liquide), puis navets.</td></tr>
<tr><td>5.</td><td>Blé (fumier liquide).</td><td>8.</td><td>Pomm. de terre (fumier).</td></tr>
<tr><td>6.</td><td>Seigle (tourteaux de colza).</td><td>9.</td><td>Blé.</td></tr>
<tr><td>7.</td><td>Colza (fumier), puis navets.</td><td>10.</td><td>Mélange de gesse et de seigle, puis navets.</td></tr>
</table>

Ce dernier assolement, l'un des meilleurs et des mieux combinés de la Flandre, subit, dans certains cas, quelques modifications; ainsi, au n° 5, on remplace le lin par des fèves (fumier), et le lin se transpose au n° 8 en place des pommes de terre; dans ce cas, on emploie l'engrais liquide au n° 9 (1).

CHAPITRE VIII.

Des engrais organiques naturels.

—

SECTION PREMIÈRE. — DES FUMIERS EN GÉNÉRAL.

227me Q. — *Qu'appelle-t-on fumiers?*

R. — On désigne sous ce nom les pailles et les végétaux qui ont servi de litière aux animaux domestiques, qui ont été imprégnés de leurs excréments liquides et solides et qui, ayant subi un certain degré de fermentation, sont plus ou moins décomposés.

228me Q. — *Quelles sont les propriétés des fumiers?*

R. — On ne saurait résoudre cette question d'une manière générale, car les propriétés des fumiers varient notablement selon une foule de circonstances qu'il est impossible de déterminer exactement. Ainsi, par exemple, les excréments des herbivores n'ont pas l'énergie de ceux provenant des oiseaux; les matières fécales solides ne renferment point les mêmes principes que les urines, etc., etc. A côté de ces causes nombreuses de variations, inhérentes aux espèces d'animaux qui ont fourni

(1) Au § 140 de son *Traité sur l'agriculture*, M. Raingo donne plusieurs exemples d'assolements qui paraissent être dans de bonnes conditions de réussite, et qui sont présentés au lecteur d'une manière fort compréhensible et fort claire. Au reste, comme il le dit fort bien, *c'est au cultivateur intelligent de régler ses assolements selon les circonstances où il se trouve.* On ne saurait, en effet, poser à cet égard de préceptes absolus.

les excréments, il en est d'autres relatives au genre de nourriture donnée à ces animaux, à la quantité et à la nature des végétaux qui leur ont servi de litière, et, surtout, à la façon de recueillir et de traiter les fumiers.

229ᵐᵉ Q. — *Pourquoi les excréments des animaux ont-ils tant d'importance comme engrais?*

R. — Ces matières constituent l'une des parties essentielles des fumiers, parce qu'elles renferment en abondance, pour la plupart, des principes azotés et des substances salines qui sont susceptibles de se décomposer rapidement dans la terre et de fournir aux plantes, au fur et à mesure de leurs besoins, les éléments de leur nutrition.

230ᵐᵉ Q. — *Quels sont les excréments d'animaux les plus puissants comme engrais?*

R. — Ce sont ceux des carnivores (animaux qui se nourrissent de chair); mais on est rarement à même de les utiliser dans les fermes, à moins qu'on ne puisse disposer, pour nourrir des chiens ou des porcs, des intestins et autres détritus provenant des boucheries et des abattoirs, lesquels seraient donnés frais ou cuits; d'ailleurs, ce cas serait l'exception et non la règle. Après les *carnivores* viennent les *granivores* (animaux qui se nourrissent de graines), ou les oiseaux; puis, en dernière ligne, les *herbivores* (animaux qui se nourrissent d'herbes et de fourrage), dont les excréments ont, en général, l'énergie la moins considérable. La différence qu'on remarque entre la puissance fertilisante des diverses espèces d'excréments d'animaux, provient de la proportion plus ou moins forte des substances azotées et salines qu'ils renferment.

231ᵐᵉ Q. — *Que nomme-t-on engrais chaud et engrais froid?*

R. — On appelle engrais *chaud* celui qui, à raison de la fermentation qu'il a subie, ou par sa richesse en matière animale azotée, se décompose aisément et promptement dans le sein de la terre, et, par conséquent, active énergiquement la végétation. Par contre, on nomme engrais *froid* celui qui, plus aqueux, moins azoté, plus susceptible d'absorber l'humidité, fermente difficilement et met un temps plus ou moins long à se décomposer dans le sol. Il est évident qu'un engrais de ce genre ne produira pas un effet aussi remarquable que celui déterminé par le premier. Les excréments des oiseaux, la fiente de cheval, sont des engrais *chauds*, tandis que la bouse de vache est rangée dans la catégorie des engrais *froids*.

SECTION II. — EXCRÉMENTS DES OISEAUX.

232me Q. — *A quoi tient la puissance, comme engrais, des excréments des oiseaux?*

R. — A plusieurs causes que voici :

1° Les oiseaux se nourrissent, presque exclusivement, d'insectes et de graines, substances très-azotées.

2° Les urines sont mélangées avec les excréments solides dans la fiente des oiseaux.

3° Ces excréments, s'amoncelant dans des locaux fermés (pigeonnier, poulailler), sont à l'abri de la pluie, qui pourrait dissoudre leurs éléments, et du soleil dont la chaleur volatiliserait leurs principes actifs en déterminant dans leur masse une fermentation plus ou moins vive.

233me Q. — *Comment convient-il de recueillir les excréments des pigeons, poules, etc.?*

R. — Il est bon de répandre, dans les pigeonniers, des débris végétaux de toutes sortes, des déchets de paille, de la balle d'avoine, de la sciure de bois, des feuilles sèches, et même, à défaut de ces matières, de la terre ou du sable. De cette façon, on recueille tout l'engrais, dont les principes solubles ne s'infiltrent point dans le sol, et on préserve les pigeons de la vermine qu'engendre la malpropreté.

234me Q. — *Comment s'emploie le fumier des volailles?*

R. — En général, on le mêle avec de la terre, du sable ou des cendres, et on sème ce mélange sur le terrain qu'on veut fumer. On choisit de préférence un temps humide, mais non pluvieux, et où le vent ne soit pas fort.

235me Q. — *Qu'est-ce que le guano?*

R. — C'est un engrais composé d'excréments d'oiseaux, dont on se sert depuis des siècles dans certaines parties de l'Amérique du Sud. Depuis quelques années on a découvert de nouveaux gisements de cette substance, dont l'introduction en Europe ne date que de 1840. Quand on achète cet engrais on doit être défiant, car, aujourd'hui, on le falsifie avec du tan, de la terre, etc., etc., afin de pouvoir le livrer à meilleur marché.

236me Q. — *De quoi est composé le guano?*

R. — Sa composition est celle des excréments des oiseaux de basse-cour; seulement, le guano, contenant beaucoup moins d'eau et plus de principes azotés, est beaucoup plus énergique. Il renferme, d'ailleurs, tous les principes inorganiques que j'ai énoncés au chap. III, sect. II.

237me Q. — *Faut-il beaucoup de guano pour fumer un hectare de terre?*

R. — Cela dépend de l'état du sol et de la récolte qu'on veut obtenir. On peut employer de 200 à 350 kilogr. par hectare.

SECTION III. — EXCRÉMENTS DES HERBIVORES.

238me Q. — *Dans quel ordre range-t-on habituellement les excréments des herbivores?*

R. — En commençant par ceux qui produisent l'effet le plus énergique, on les classe dans l'ordre suivant :

Fiente de mouton.

Crottin de cheval.

Bouse de vache et de bœuf.

Fiente de porc.

239ᵐᵉ Q. — *Le fumier de porc est-il aussi inférieur aux autres qu'on le croit généralement?*

R. — Cela dépend de la nourriture donnée à ces animaux. En Angleterre, où les cochons sont mieux nourris que chez nous et où on leur donne une meilleure litière, leur fumier est souvent meilleur que celui des vaches.

240ᵐᵉ Q. — *Quelle différence générale peut-on faire entre les fumiers des herbivores, celui du porc excepté?*

R. — On a toujours remarqué que, dans les mêmes circonstances, le fumier frais des bêtes à laine et du cheval est beaucoup plus actif, moins aqueux et plus énergique que celui fourni par les bêtes à cornes; le premier est un engrais *chaud*, le second un engrais *froid*.

241ᵐᵉ Q. — *Comment doit-on traiter le fumier de cheval?*

R. — Quand on ne veut pas ou qu'on ne peut pas l'enfouir dans le sol à l'état frais, voici les conditions nécessaires à sa conservation :

1° Il ne faut point l'abandonner en petits tas ou en surface à l'action de l'air, car alors il fermente, s'échauffe, et perd la plus grande partie des sels ammoniacaux qu'il contient.

2° On ne doit pas l'exposer à un soleil ardent qui le dessèche et y produit la plupart des effets de la fermentation.

3° Il est convenable de lui donner plus d'humidité qu'il ne lui en est fourni par les urines de l'animal qui le produit; il faut donc l'arroser de temps à autre pour l'entretenir humide.

4° Si on veut le conserver en tas, il convient de tasser et de battre fortement celui-ci, afin d'éviter, autant que possible, l'accès de l'air dans l'intérieur de la masse. On peut d'ailleurs, autant pour empêcher l'arrivée de l'air que pour maintenir l'engrais humide, recouvrir le tas d'une couche de terre.

242ᵐᵉ Q. — *Comment doit-on recueillir le fumier des bêtes à laine?*

R. — La nature compacte et la résistance assez grande des excréments de mouton, jointes au peu d'humidité qu'ils reçoivent et au tassement continuel qu'ils éprouvent par suite du piétinement des animaux, rendent difficile, et d'ailleurs peu à craindre, la fermentation qui pourrait s'établir dans ce fumier. Quand on juge à propos de le mettre en tas, il est bon de l'arroser souvent, afin de faciliter la décomposition de la paille qu'il renferme en quantité trop forte, pour peu que la litière fournie aux animaux ait été abondante.

243ᵐᵉ Q. — *Comment agit le fumier de mouton?*

R. — Occupant le premier rang parmi les engrais *chauds* fournis par les animaux herbivores, il est d'un emploi fort avantageux pour les terrains froids et maigres, et pour ceux que leur richesse en argile rend lourds et compactes. Cent moutons, bien entretenus, fournissent annuellement 50 à 60 voitures de fumier, représentant 80 à 100 voitures de fumier ordinaire de bêtes à cornes. Aussi, en Flandre, les fermiers font-ils grand cas de l'engrais de mouton.

244ᵐᵉ Q. — *Comment applique-t-on l'engrais de mouton?*

R. — On peut faire séjourner les troupeaux sur le terrain qu'on veut engraisser. Un mouton fume environ, en une nuit, une surface de terre d'un peu plus d'un mètre carré. Le parcage est très-bon pour les sols sablonneux et légers, que le piétinement des moutons consolide. On peut aussi employer l'engrais de moutons recueilli dans les bergeries.

245ᵐᵉ Q. — *Quels sont les avantages du fumier des bêtes à cornes?*

R. — Il en est un fort important : c'est celui que possèdent les excréments de vache et de bœuf de pouvoir se mêler aisément avec une grande quantité de litière, et cela, à cause de leur mollesse. De cette façon, ces matières excrémentielles imbibent et saturent, en quelque sorte, la paille qui jonche l'étable ; ce qui augmente le volume de l'engrais fourni , tout en empêchant la perte de ses principes fertilisants. D'un autre côté, les bêtes à cornes étant, généralement, les plus nombreuses dans les fermes, la masse de fumier qu'elles produisent dépasse de beaucoup celle fournie par les chevaux et les moutons. Enfin, par sa composition très-variée sous le rapport du nombre de ses éléments, ce fumier est pour ainsi dire applicable, avec succès, à toutes les cultures et sur tous les terrains.

246me Q. — *Que nomme-t-on fumiers longs et fumiers courts ?*

R. — On appelle *fumiers longs* ou *pailleux*, ceux qu'on emploie au sortir des étables et avant que la fermentation ne s'y développe ; les parties végétales composant la litière s'y trouvent sans altération. Les *fumiers courts* ou *gras* sont ceux qui, ayant été entassés et abandonnés à une fermentation lente et progressive, se sont plus ou moins complétement désagrégés. Les fumiers *gras* sont naturellement les meilleurs quand ils ont été surveillés, bien que leur poids soit notablement moindre que celui des fumiers frais dont ils proviennent.

247me Q. — *Est-il bon de mélanger tous les engrais obtenus dans une ferme, pour en faire un engrais commun ?*

R. — Cette méthode, qui est généralement suivie dans les exploitations agricoles, offre ses avantages et ses inconvénients. Dans les pays plats, où presque tous les terrains sont les mêmes, quant aux sols qui les constituent, cette pratique est bonne : d'abord, parce qu'elle est commode, prompte et qu'elle épargne de l'emplacement, ensuite, parce que le mélange de tous les fumiers, où domine toujours celui des bêtes à cornes, produit un engrais riche en éléments de toutes natures. Dans les pays montagneux, au contraire, dans les vallées, où le sol est à chaque pas différent, ou même dans les exploitations fort étendues en surface et en importance, il devrait en être autrement, et on aurait un profit réel à conserver séparément les fumiers, afin de les répartir selon leurs propriétés, suivant les qualités des terrains et l'espèce de récolte qu'on veut obtenir sur chacun de ceux-ci. Ainsi, par exemple, il serait utile de déposer l'engrais des bêtes à cornes sur les sols chauds, sablonneux et secs, en réservant celui que fournissent les chevaux et les moutons pour les terres froides, humides et argileuses.

248ᵐᵉ Q. — *Est-ce que pour fumer également bien un hectare de terre, il faudrait employer le même poids de tous les fumiers des herbivores?*

R. — Non, sans doute; ainsi, pour fumer un hectare de terre, on peut employer :

    30,000 kil. de bon fumier de ferme.
ou   5,550 — d'excrément de chèvre.
  » 10,800 —   —   mouton.
  » 16,200 —   —   cheval ⎫ urines et ma-
  » 29,250 —   —   vache ⎭ tières solides.

SECTION IV. — DES URINES.

249ᵐᵉ Q. — *Pourquoi les urines constituent-elles un engrais si énergique?*

R. — Parce qu'elles renferment presque tous les éléments inorganiques des végétaux, notamment l'acide *phosphorique*, la *potasse*, la *soude*, etc., et, de plus, une substance particulière très-azotée (l'*urée*) qui, en se décomposant, produit beaucoup d'*ammoniaque*.

250ᵐᵉ Q. — *La composition des urines est-elle constante?*

R. — Elle varie non-seulement pour chaque espèce d'animal, mais aussi pour chaque individu, suivant l'alimentation, la nature des eaux, l'époque de la journée, l'état de santé ou de maladie, etc. Les fourrages secs di-

minuent, chez les animaux, la quantité absolue d'urine
fournie dans un temps donné ; mais si l'urine émise a
moins de volume, elle n'en est que plus riche en principes fertilisants et salins. L'urine rendue le matin contient, généralement, plus de substances organiques azotées que celle qui suit immédiatement les repas. Dans
certaines maladies, la quantité relative de l'eau est tantôt augmentée, tantôt diminuée dans l'urine, par rapport
aux autres matières qu'elle renferme dans l'état de santé.

*251ᵐᵉ Q. — Quelles quantités d'urine faudrait-il em-
ployer pour fumer un hectare de terre ?*

R. — 12,500 kil. d'urine de vache ⎫ Pour remplacer
  ou 16,650   —   d'homme ⎪ 50,000 kilogram-
  » 52,200   —   de porc ⎬ mes de fumier de
  » 81,000   —   de cheval ⎭ ferme.

*252ᵐᵉ Q. — Comment peut-on recueillir les urines en vue
de les utiliser comme engrais ?*

R. — De trois manières différentes, savoir :

1° En mélangeant l'urine avec du sable, de la marne,
du plâtre, de l'argile, des cendres, de la terre, etc. Cette
méthode ne vaut rien, car elle fait perdre à l'urine la
plus grande partie de ses principes azotés.

2° En faisant absorber l'urine, le plus complétement
possible, par la paille et les litières qu'on donne au bétail. Ce moyen est fort économique, mais n'empêche pas
toujours l'écoulement et la perte d'une partie du *purin.*

3° En faisant couler les urines, au fur et à mesure de
leur production, dans des citernes bien construites où
on les conserve jusqu'au moment de les répandre directement sur le sol. Cette manière de procéder est, certainement, la meilleure.

*253ᵐᵉ Q. — Est-il bon de laisser l'urine se putréfier avant
de la mettre sur les terres ?*

R. — Cette habitude, assez générale, est mauvaise,
car, par la putréfaction, l'urée que contient l'urine se

transforme en *carbonate d'ammoniaque*, composé très-volatil qui s'évapore, presque entièrement, quand on répand l'urine. On perd ainsi une grande quantité d'azote qui est entraîné par l'air.

254me Q. — *Peut-on empêcher les urines de perdre leur azote dans les citernes?*

R. — Oui, et cela en ajoutant à l'urine une certaine quantité de *plâtre*, ou de *couperose verte*, ou d'autres substances capables de retenir l'*ammoniaque*. Ces matières ne coûtent pas grand'chose et peuvent rendre de grands services. Pour s'en convaincre, il suffit de savoir qu'un kilogramme d'urine contient les éléments essentiels à la constitution d'un kilogramme de froment!!

255me Q. — *Comment emploie-t-on l'urine?*

R. — En général, il convient de la mélanger avec de l'eau, afin de mieux la distribuer et afin d'éviter l'action trop vive qu'elle pourrait exercer sur les graines ou sur les jeunes plantes. On peut aussi faire absorber l'*urine* par des *cendres*, du *plâtre* ou par toute autre matière semblable qu'on voudrait jeter sur les terres.

256me Q. — *Comment peut-on représenter la valeur de l'urine comme engrais?*

R. — Par des chiffres indiquant le rendement en urine par tête de bétail et l'étendue du terrain que cette excrétion peut fumer; voici un exemple :

QUANTITÉ D'URINE que rend	PAR JOUR.	PAR AN.	SURFACE DE TERRE qu'elle peut fumer.
Une vache. .	kil. 8,20	2,993 kil.	24 ares.
Un cheval . .	» 1,550	485 »	60 centiares.
Un homme. .	» 0,625	228 »	1 are au moins.

Dans la Flandre, les urines sont utilisées et recueillies avec un soin qui prouve combien l'agriculteur a conscience de ses véritables intérêts ; il est d'ailleurs bien payé de ses peines, puisqu'il peut tirer de la récolte sur pied d'un hectare de lin, arrosé en naissant avec de l'urine, une somme qui peut s'élever *jusqu'à cinq mille francs.*

SECTION V. — DES EXCRÉMENTS HUMAINS.

257ᵐᵉ Q. — *Quelle est la composition des excréments de l'homme ?*

R. — Ces matières, qu'on désigne sous le nom de *gadoue* quand elles sont molles ou liquides, contiennent à l'état frais :

Eau	75,5	
Matières organiques solubles.	4,5	
»　　　　»　　　insolubles. . . .	14,0	100,0
Sels solubles et insolubles	1,2	
Débris végétaux et animaux	7,0	

Les sels renfermés dans les excréments humains sont :

Les phosphates	de chaux, formé de chaux de soude, » soude de magnésie, » magnésie	et d'acide phosphorique.
Les sulfates	de potasse, formé de potasse de chaux, » chaux de soude, » soude	et d'acide sulfurique.
Les carbonates	de soude, formé de soude de chaux, » chaux	et d'acide carbonique.
Le chlorure	de sodium, formé de sodium	et de chlore.

On voit aisément que les matières fécales renferment une forte proportion de principes fertilisants de toutes espèces.

258ᵐᵉ Q. — *Comment emploie-t-on les excréments humains ?*

R. — Dans plusieurs localités, les matières fécales sont considérées comme un engrais des plus précieux ; en France, dans le nord et en Alsace, et en Belgique, particulièrement dans les Flandres, on en fait un très-grand usage ; de là, sans doute, la dénomination d'*engrais-flamand* ou *courte-graisse*, par laquelle on désigne les excréments humains. On peut les employer immédiatement au sortir des fosses, après les avoir délayés dans l'urine ou dans l'eau, et alors on s'en sert pour arroser les terres au printemps, lorsque le développement de la végétation est prêt à se manifester. Pour être d'un bon usage, il paraît que ces matières doivent avoir subi un certain degré de fermentation qui les rend plus visqueuses. Cette fermentation s'établit dans de vastes citernes, dans lesquelles on amasse, autant que possible, les excréments qu'on a été recueillir dans les villes pendant les époques où les travaux de culture ne réclament point le service des chevaux.

259ᵐᵉ Q. — *Comment répand-on l'engrais flamand sur les terres?*

R. — La manière de le distribuer varie selon les lieux, la disposition des terres et la nature de l'engrais lui-même.

A. Pour les prés et les terres non couvertes, on opère le transport, lorsque les voitures y ont un accès facile, dans des tonneaux plus ou moins grands placés sur des chariots. A l'arrière du tonneau se trouve une bonde ou un robinet par lequel s'échappe l'engrais, qui tombe dans un bac percé de trous, ou sur une planche inclinée, de manière à arroser uniformément le terrain au fur et à mesure que le chariot avance.

B. Quand les voitures ne peuvent arriver sur les terres, on y conduit l'engrais épais dans un tonneau de petite dimension posé sur une brouette. On le mélange ensuite, sur les lieux mêmes, avec de l'eau ou des urines. Le mélange se fait dans un grand cuvier ; après quoi on répand l'engrais au moyen d'une pelle longue, en forme de gouttière, qu'on appelle *escope*. Quelquefois, quand on veut mettre l'engrais au pied de chaque plante, on se sert d'un arrosoir.

Il faut choisir un temps humide pour répandre l'engrais flamand.

260me Q. — *Quelle est la valeur pratique de l'engrais flamand?*

R. — Un hectolitre d'engrais fermenté équivaut à 250 kilogrammes, environ, de fumier de cheval; il est donc d'une énergie double, puisqu'il ne pèse que 125 kilogrammes.

SECTION VI. — DE LA DIFFÉRENCE EXISTANT ENTRE LES FUMIERS SELON LA NOURRITURE ET LA LITIÈRE DONNÉS AUX ANIMAUX.

261me Q. — *Quelle est l'influence de l'alimentation des animaux sur la nature et l'abondance de leur fumier?*

R. — Elle est grande; aussi, la quantité de fumier à obtenir ne doit-elle pas se calculer d'après le nombre de têtes du bétail, mais suivant la nourriture qu'on peut ou qu'en veut lui donner. En outre, le poids des aliments distribués n'est pas le seul terme du problème; et la manière dont ces aliments sont présentés influe beaucoup sur les résultats qu'on en obtient. En effet, les bêtes à cornes, soit à l'étable, soit au pâturage, ont toujours une nourriture verte et, partant, très-aqueuse. Cette circonstance se reproduit pour elles, même après la saison des herbages, puisqu'on leur donne des carottes, des navets, des betteraves, de la drêche, de la pulpe venant des sucreries, etc. Il n'est pas étonnant, dès lors, que le fumier de vache soit, à poids égal, plus liquide, moins consistant et, surtout, moins actif que celui des chevaux et des moutons, qui reçoivent, ordinairement, des substances alimentaires plus sèches, des graines, du foin, de la paille, etc., etc. Ces circonstances ont tant de valeur, au point de vue qui nous occupe, qu'en Flandre, par exemple, où il arrive, assez souvent, que les chevaux et les vaches soient nourris de la même manière pendant presque toute l'année, les excréments des deux espèces se rapprochent sous le rapport de l'énergie. Les chevaux n'ayant que peu ou point d'avoine et recevant comme les vaches des aliments aqueux, donnent un fumier beaucoup moins *chaud* que dans les localités où ils sont nourris différemment. En résumé, on peut, en commençant par les meilleurs, classer les fumiers de la manière suivante :

Fumier produit par le bétail qui reçoit des tourteaux de graines.
—   —   cheval   —   du foin et de l'avoine.
—   —   bétail à l'engrais.
—   —   bétail maigre et par les vaches laitières.
—   —   bétail n'ayant que de la paille en hiver.

En général, il faut donc admettre que les fourrages secs, les tourteaux et les graines, représentent la nourriture la plus propre à faire produire au bétail le meilleur fumier possible.

262me Q. — *Quelle est l'influence de l'état physique des animaux sur la qualité et la quantité des fumiers qu'ils fournissent ?*

R. — Chacun comprend que cette influence doit être notable. En effet, les animaux bien nourris et, surtout, bien portants ou gras, produisent plus et de meilleurs fumiers que ceux mal nourris, maigres et malades. Les vaches laitières ou saillies rendent un fumier moins riche en azote que celui des bœufs, cet élément étant utilisé par l'organisme animal pour produire le lait et pour développer le fœtus. M. Boussingault a également observé que les déjections des élèves constituent un engrais moins actif que celui des animaux adultes.

263me Q. — *Quelle est, en moyenne, la production en fumier des animaux herbivores placés dans de bonnes conditions ?*

R. — L'expérience a consacré les chiffres suivants :

1° Une bête bovine ordinaire, du poids de 400 kilogrammes, produit, par an, 50 à 60 quintaux métriques de fumier ;

2° Un cheval en donne, par an, 34 à 40 quintaux métriques ;

8.

3° Dix moutons en produisent, annuellement, 50 quintaux métriques environ.

264me Q. — *La nature de la litière peut-elle influer sur la qualité des fumiers?*

R. — Évidemment, car les pailles qu'on réserve en général pour cet usage sont loin d'avoir la même composition. Cette différence dans leurs principes élémentaires doit en entraîner une dans leurs effets comme engrais.

265me Q. — *Pourquoi certaines pailles constituent-elles des engrais si actifs?*

R. — Parce qu'elles renferment plusieurs des principes nécessaires à l'alimentation des végétaux. Ainsi, par exemple, les pailles de *sarrasin*, de *fèves*, de *vesces*, de *colza*, de *pois*, de *millet* et de *lentilles*, sont douées d'une grande puissance fertilisante, due aux sels à base de *potasse*, de *soude* et de *chaux* qu'elles contiennent, outre une forte proportion de principes *azotés* pouvant fournir de l'*ammoniaque* en se décomposant dans la terre. Il en est autrement pour les pailles des *céréales*, qui, à part une quantité assez notable de *phosphates de chaux* et de *magnésie*, ne possèdent que peu de sels alcalins, comparativement aux pailles des légumineuses et des crucifères. Il n'y a guère qu'en *silice* que la paille des céréales soit fort riche, et cette substance existe, ordinairement, en abondance dans tous les terrains.

266me Q. — *L'habitude de brûler, sur les champs, les pailles de sarrasin et de colza est-elle avantageuse ou nuisible?*

R. — Elle est, évidemment, nuisible aux intérêts du cultivateur. En effet, en les brûlant, il n'augmente pas la proportion des sels alcalins que ces pailles renferment, et qui constituent une bonne part de leur énergie; enfouie avant ou après avoir été réduite en cendres, la paille ne peut donner que ce qu'elle contient, et rien de plus. Or, en la brûlant, le cultivateur n'augmente pas la masse des produits salins, et il perd, par la volatilisation, tous les composés ammoniacaux qui se forment lors de la combustion de la paille. Il convient donc d'abandonner complétement cette habitude absurde, reste des anciennes coutumes, et de réserver les pailles des légumineuses et des crucifères pour les employer comme litières pour le bétail.

267ᵐᵉ Q. — *Quelle quantité de litière doit-on donner aux animaux?*

R. — Cette quantité varie non-seulement suivant les règles économiques, mais surtout selon la nature et la quantité des fourrages composant la nourriture du bétail. Plus l'alimentation est aqueuse, plus les excréments sont liquides; plus, par conséquent, il faut de litière, car on ne doit pas oublier que celle-ci est destinée, surtout, à absorber les parties liquides des déjections des animaux. Ainsi, les bêtes nourries en vert réclament une litière plus abondante que celles alimentées avec des fourrages secs; il en est de même lorsqu'on se sert de pulpe de betteraves, de drêche, etc., pour la nourriture des bestiaux.

268ᵐᵉ Q. — *Comment devrait être la litière donnée aux animaux?*

R. — Dans le plus grand état possible de division, car c'est alors, seulement, que sa faculté absorbante est à son plus haut degré; il y aurait donc économie notable, surtout quand la litière est chère, à broyer ou couper les pailles longues et dures avant de les répandre dans l'étable. Leur mélange avec les excréments serait beaucoup plus intime, et la composition du fumier plus uniforme.

269ᵐᵉ Q. — *Peut-on remplacer la paille pour la litière des animaux?*

R. — Oui, sans doute, et le plus souvent avec une

économie très-notable. Rien n'empêche, en effet, de se servir de feuilles d'arbres (1), de fougères, de genêts, de bruyères, de roseaux, de gazons, de mousses, d'ajoncs, de buis, de tourbe, de sciure de bois, etc., matières à très-bon marché presque partout. En outre, la plupart de ces matières étant riches en principes azotés et salins, constituent d'excellents matériaux pour la confection des fumiers, et surpassent souvent, sous ce rapport, les pailles, et surtout celles des céréales.

270ᵐᵉ Q. — *Comment peut-on se servir de la terre pour remplacer, en partie, la litière ?*

R. — En Angleterre, en Allemagne et en Suisse, on supplée quelquefois à l'insuffisance des pailles comme litière, en couvrant le sol des écuries, des étables, des bergeries, avec une couche de terre sèche qu'on recouvre elle-même, chaque jour, d'une nouvelle couche, et ainsi de suite jusqu'à ce que la masse terreuse soit suffisamment imprégnée par les urines et les parties liquides des excréments. Il est bien entendu que la terre est sèche, afin de ne pas nuire aux animaux, et surtout aux moutons qui sont très-délicats.

Quant à la terre qui devrait servir à l'usage dont je viens de parler, rien ne serait plus facile que de l'emmagasiner sous de mauvais hangars, pendant les époques où le travail des champs laisserait les chevaux disponibles.

271ᵐᵉ Q. — *Quels sont les avantages de la terre employée comme litière?*

R. — Ils sont nombreux et importants :

1° On économise beaucoup de paille, qui peut être appliquée à la nourriture des bestiaux ;

2° Puisqu'on a plus de paille, on peut augmenter proportionnellement le nombre du bétail.

____

(1) Au moment de leur chûte, bien entendu, car à toute autre époque de l'année on nuirait, en les enlevant, à la nutrition du végétal.

3° L'augmentation du bétail entraîne pour conséquence celle de la masse des fumiers produits.

4° La terre absorbant mieux que les pailles les liquides des déjections, et se mêlant mieux, d'ailleurs, avec les excréments, les principes fertilisants de ceux-ci sont mieux conservés.

5° Le fumier terreux qu'on obtient est plus lourd, plus tenace, fermente plus également, et a une énergie plus durable.

SECTION VII. — DE LA MANIÈRE DE TRAITER LES FUMIERS AVANT LEUR EMPLOI COMME ENGRAIS.

272ᵐᵉ Q. — *Comment dispose-t-on généralement les tas de fumier?*

R. — Quelquefois dans les fermes, les bergeries, les bouveries et les écuries sont plus ou moins éloignées les unes des autres, ce qui fait qu'on ne mélange pas leurs fumiers, et qu'on forme avec ceux-ci des tas séparés que le cultivateur transporte, sans distinction, là où il a besoin de fumer. Cette indifférence est blâmable, et dans les fermes où le mélange des fumiers ne se fait pas, il conviendrait de réserver les excréments des chevaux et des moutons pour les terrains argileux, froids et humides, tandis que le fumier des vaches servirait pour les sols légers, secs et poreux. Le plus grand abus, celui qui entraîne pour l'agriculture le plus de pertes, réside tout entier dans la disposition et l'emplacement du tas de fumier. Celui-ci existe souvent au milieu de la cour, dans une fosse plus ou moins profonde, où on tasse tout le fumier qu'on peut. En été, dans les grandes chaleurs, le soleil fait fermenter outre mesure les éléments qui composent les fumiers, tandis qu'en hiver, les fortes pluies lavent et entraînent une très-grande proportion de leurs principes fertilisants. D'un autre côté, les bestiaux et les volailles en piétinant, grattant et fouillant sans cesse le fumier, multiplient les surfaces de contact avec l'air et facilitent la déperdition des sels ammoniacaux. Ainsi donc, la disposition ordinaire des tas de fumier entraîne constamment des pertes, en même temps que leur voisinage est incommode et insalubre pour les habitations, tant à cause des émanations qui s'en dégagent que des insectes qu'ils attirent.

273me Q. — *Comment faudrait-il disposer le tas de fumier pour éviter les détériorations et les pertes?*

R. — On peut s'y prendre de diverses façons assez différentes entre elles, mais toute manière est bonne quand elle satisfait aux conditions suivantes :

1° Élever le tas de fumier sur une partie de terrain bien battue et couverte d'une couche d'argile (terre glaise) bien corroyée, afin d'éviter l'infiltration du *purin* dans le sol.

2° Donner au terrain une certaine inclinaison qui dirige tout le purin vers un seul côté, ou bien entourer tout le tas de fumier d'une rigole glaisée qui reçoive le *purin* et le conduise dans un réservoir ou citerne.

3° Placer le réservoir à *purin* à proximité du tas, afin qu'il soit facile de reverser, au besoin, ce liquide sur le fumier.

4° Puiser le *purin* avec une pompe grossière, qui puisse le conduire aisément sur le dessus du tas.

5° Ne laisser arriver sur le terrain aucune eau étrangère que celle qui est indispensable à l'arrosage.

6° Garantir le fumier contre les rayons du soleil qui y déterminent une fermentation trop prompte, soit en plantant des arbres autour du tas, soit en le couvrant avec de la paille, maintenue avec des pierres ou quelques planches afin que le vent ne l'enlève pas.

7° Même observation qu'au n° 5° à propos des eaux pluviales abondantes ; le mieux serait d'élever le tas de fumier sous un vieux hangar.

8° Donner à l'emplacement du fumier une largeur suffisante pour qu'on ne soit pas obligé d'élever le tas à une trop grande hauteur, ce qui rend la manœuvre difficile, tout en nuisant au fumier.

9° Diviser le tas de fumier en plusieurs parties qu'on peut charger et enlever séparément, afin que l'ancien fumier ne soit pas toujours enfoui sous le nouveau.

10° Préserver le fumier du piétinement des bestiaux et du grattage des volailles.

11° Disposer l'emplacement de telle sorte que les voitures puissent facilement en approcher et qu'il ne faille pas de trop grands efforts pour enlever d'assez lourdes charges.

Le fumier, étant extrait des étables, doit être transporté au tas sur des brouettes basses et sans côtés ; puis il doit être étendu bien uniformément, foulé aux pieds et tassé, afin qu'il ne reste pas de vides dans la masse. Un bon moyen pour éviter la trop prompte dessiccation et l'évaporation des principes azotés fertilisants, tout en rendant la fermentation plus lente et plus régulière, c'est de couvrir la surface du tas avec des gazons, de mauvaises herbes ou des terres, mélangées de plâtre, si on peut s'en procurer. Ces matières deviennent elles-mêmes un engrais fort énergique.

274ᵐᵉ Q. — *Quelle est l'influence de la disposition des étables sur la production des fumiers ?*

R. — Les étables les mieux disposées seront celles qui permettront de recueillir, sans pertes, toutes les déjections animales, et particulièrement les urines. Si cette condition essentielle se trouve remplie, rien ne sera perdu pour l'agriculteur. En Belgique, où la disposition des étables est, surtout en Flandre, beaucoup meilleure que celle adoptée dans les fermes françaises, la quantité des engrais recueillis s'élève quelquefois, dans les premières, à un chiffre double de celui que rapportent les secondes.

275me Q. — *Quelles sont les conditions de propreté aux-quelles il faut avoir soin de satisfaire pour assurer la salu-brité des étables?*

R. — Il faut, de toute nécessité, que le cultivateur veille à ce que ses étables soient aussi propres que possible, car là est la santé des animaux. Lorsqu'on a enlevé les litières pour les porter dans la fosse ou, mieux, sur le tas de fumier, il faut, avant d'en répandre de nouvelles, bien laver les pavés de l'étable et faire ensuite écouler les eaux de lavage. Cet écoulement est indispensable, car l'eau stagnante qui séjournerait dans les joints, ou dans les parties du pavement où la pente est insuffisante, entretiendrait dans l'étable une humidité nuisible. « On ne saurait aussi, avec trop de soin, dit le baron « de Morogues, rehausser le sol des écuries et des éta-« bles, quand, après des curages successifs, il se trouve « assez creusé pour que les liquides y séjournent. Dans « plusieurs étables où les urines séjournaient, je n'ai pu « arrêter la mortalité des bestiaux qu'en faisant rehaus-« ser le sol avec du sable ou des cailloux et en lui « donnant une pente suffisante pour conduire toutes les « eaux hors des étables, où, en outre, la pureté de l'air « doit être soigneusement entretenue. »

SECTION VIII. — DE L'EMPLOI DES FUMIERS.

276me Q. — *Qu'appelle-t-on fumier normal?*

R. — On peut désigner sous ce nom un fumier de bêtes à cornes, saines et en bon état, nourries copieuse-ment à l'étable d'aliments de bonne nature, les uns secs et les autres verts, et recevant une litière assez abondante pour que toutes les urines soient absorbées. Ce fumier n'est parfait qu'après avoir subi une fermentation lente et peu énergique, susceptible de désagréger les

pailles sans volatiliser notablement les composés azotés
qu'il renferme. A cet état, le fumier, dont la paille forme
la base, pèse de 750 à 760 kilogrammes le mètre cube
(le mètre cube fait 10 hectolitres), quand il est pressé
comme il peut l'être dans le chariot qui le transporte, et
contient 75 à 79 p. c. d'eau. J'ai déjà indiqué la composition ordinaire du fumier normal.

277ᵐᵉ Q. — *Convient-il de laisser fermenter les fumiers,
ou doit-on les enfouir dans le sol à mesure qu'ils se produisent?*

R. — Tous les agriculteurs sont d'accord sur les pertes
qu'on éprouve à laisser les fumiers se *consommer*, ainsi
que sur l'influence énergique et *durable* des fumiers frais,
ou mieux, ayant subi une fermentation modérée suffisante pour en désagréger la paille. Il résulte de toutes les
indications pratiques recueillies dans tous les pays, qu'il
convient d'employer le fumier, sinon au sortir de l'étable, du moins aussitôt que la paille commence à brunir
et a perdu sa consistance. A cet effet, on modère autant
que possible la fermentation par l'arrosage et par le
mélange avec du plâtre, de la terre, du gazon, de mauvaises herbes, des feuilles, des genêts, etc., etc. Si, malgré les précautions prises, la fermentation marche trop
rapidement et, surtout, trop énergiquement, il faut y mettre un terme en retournant la couche, ou en l'exploitant
immédiatement.

278ᵐᵉ Q. — *Comment convient-il de procéder dans l'emploi du fumier frais ou peu fermenté?*

R. — Je reproduirai ici l'opinion de M. Girardin :
« Lorsque le fumier est transporté sur les champs, il ne
« faut pas le laisser en petits tas, comme on le fait en
« déchargeant les chariots. C'est là un usage très-vicieux
« et très-nuisible. En effet, le fumier ainsi conservé se
« décompose avec une grande perte, parce que le vent
« entraîne les substances volatiles qui se dégagent de ces

« petits monceaux ; d'ailleurs, la décomposition marche
« d'une manière fort inégale : au centre des tas elle est
« très forte, et sur les bords presque nulle. Tout le purin
« s'écoule dans le sol au-dessous des tas, tandis que la
« partie de ce fumier qui est moins riche ou moins dé-
« composée, demeure sur place. De cette manière, lors
« même qu'on donne ensuite les plus grands soins à bien
« épandre la partie qui reste sur le sol, souvent, durant
« plusieurs années, les places où les petits tas ont été
« déposés demeurent trop engraissées, de sorte que les
« plantes y versent, quoique tout ce qui les environne ait
« la plus chétive apparence.

« Il faut donc avoir pour règle invariable d'épandre le
« fumier bientôt après qu'il a été déposé ainsi en petits
« tas. On ne doit pas renvoyer cette opération au delà
« d'un jour. Par le même motif, il convient de l'enterrer
« le plus tôt possible après l'avoir étendu sur le sol.
« Mais comme il est difficile d'enterrer le fumier tout
« frais par un seul labour, il est très-commode de suivre
« la méthode belge, qui consiste à prendre le fumier avec
« la fourche, aux petits tas déposés par les chariots, et à
« le placer au fond des sillons à mesure que la charrue
« les ouvre ; de cette manière, l'enfouissement est com-
« plet avec un seul labour.

« La recommandation d'enterrer immédiatement le
« fumier conduit aux champs fait pressentir que nous
« n'approuvons pas l'usage de *fumer en couverture.* »

Il arrive que le fumier conduit aux champs ne peut
pas toujours être immédiatement enfoui, les travaux ou
d'autres circonstances y mettant obstacle. Dans ce cas,
il faut bien faire des dépôts ; mais pour éviter autant que
possible les pertes de *purin*, on doit s'y prendre de la
manière suivante : on creuse, à la profondeur de deux
fers de bêche environ, l'emplacement du dépôt, et lorsque celui-ci est formé, on adosse contre lui un rebord en

terre plus ou moins élevé. Cette terre ainsi que les parois de la fosse creusée absorbent le *purin* et deviennent ainsi de bon engrais qu'on peut répandre plus tard à la surface du sol.

279me Q. — *Combien dure l'action fertilisante des fumiers?*

R. — On ne sait, à cet égard, donner aucune indication positive, la nature du sol, et surtout celle des récoltes, pouvant modifier les chiffres dans des limites très-étendues; mais, en général, on peut dire qu'un terrain, de valeur moyenne, bien engraissé par du fumier de ferme ordinaire, s'en ressent, au moins, pendant deux à trois ans; mais c'est à la condition de ne point lui faire supporter une culture épuisante, ce qui est, par malheur, le cas ordinaire.

280me Q. — *Comment doit-on fumer les terres en pente?*

R. — On doit avoir soin de mettre plus d'engrais sur les hauteurs que sur les parties basses, les eaux tendant toujours à entraîner une portion des principes actifs déposés dans les régions supérieures.

281me Q. — *Quelles sont les considérations relatives au genre de culture, pour ce qui concerne l'emploi des fumiers?*

R. — 1° Il faut fumer d'autant plus que les végétaux qu'on cultive ont un développement plus rapide et plus grand. Ainsi la luzerne, le maïs, le chanvre, etc., exigent une fumure plus forte que certaines autres plantes.

2° Les végétaux qui doivent parvenir à la maturité et dont on recueille les graines, comme les céréales et les plantes oléagineuses, réclament plus d'engrais que ceux dont la floraison représente le terme de la culture.

3° Plus une plante pousse profondément ses racines, mieux il faut enterrer le fumier, afin que celles-ci trouvent constamment des principes alimentaires convenables : c'est ce que demandent les carottes, les fèves, la luzerne, etc. Le contraire existe pour les céréales, dont les racines sont superficielles.

4° Le meilleur fumier qu'on puisse choisir pour un champ est celui dans la formation duquel il entre la plus forte proportion de débris provenant des plantes semblables à celles qu'on a en vue de cultiver. Ainsi, par exemple, pour fumer des colzas, il n'y aura rien de mieux que de donner des fanes de colzas comme litière aux animaux et d'employer ce fumier à cette culture spéciale. C'est pourquoi le fumier d'une vache nourrie de navets et de foin est préférable à tout autre engrais pour fumer les herbages et les navets. Il en est ainsi pour toutes les plantes, et cela explique pourquoi l'homme, dont l'alimentation est si variée, fournit des excréments si admirablement convenables à toutes les cultures sans exception. En un mot, il faut, de toute nécessité, pour qu'un végétal se développe, qu'il trouve dans le sol, soit naturellement, soit artificiellement par les engrais, les éléments indispensables à son accroissement et à son bienêtre; or, quoi de mieux qu'un végétal semblable serait propre à réaliser cette condition indispensable de succès? Les excréments des animaux et la litière qui les absorbe ne représentent-ils pas exactement la composition de la plante qu'on veut obtenir? Sans aucun doute, et, dans ce cas, la nature ne fait que remanier les éléments pour leur rendre, encore une fois, leur arrangement antérieur.

282ᵐᵉ Q. — *Quelle est la quantité de fumier de ferme qu'il convient d'employer pour un hectare de terrain?*

R. — On ne saurait le dire d'une manière précise, car cette quantité dépend à la fois de la nature du sol et de la qualité du fumier. En moyenne, on peut admettre le chiffre de 30,000 kil. de fumier de ferme par hectare.

SECTION IX. — DES FUMIERS DE VILLE.

283ᵐᵉ Q. — *Qu'appelle-t-on fumiers de ville?*

R. — On distingue sous ce nom les boues et les détritus de toutes sortes qu'on recueille, soit dans les rues, soit dans les cuvettes des égouts qui sillonnent les rues des villes.

284ᵐᵉ Q. — *Comment emploie-t-on les fumiers de ville?*

R. — On peut les mettre immédiatement sur les terres; mais, en général, on attend qu'ils aient subi une certaine fermentation, qui modère beaucoup la production de leurs effets. Quelquefois, afin d'activer encore cette décomposition on les mélange avec une certaine quantité de chaux; mais cette méthode est nuisible en ce qu'elle entraine la perte d'une assez grande quantité d'ammoniaque que la chaux met en liberté en s'y substituant. Les fumiers de ville sont des engrais très-chauds qui, appliqués frais sur les terres, pourraient y fermenter avec une énergie capable de causer la mort des végétaux, et particulièrement, des céréales. En Angleterre, on a l'habitude de mélanger des cendres de houille avec le fumier des rues; cette addition est excellente et produit de fort bons effets.

285ᵐᵉ Q. — *Le cultivateur trouve-t-il de l'avantage à employer le fumier de ville?*

R. — Cela ne peut manquer si la distance à parcourir pour aller le chercher n'est pas trop considérable, car il faudrait qu'elle fût bien longue pour que ce fumier revînt au prix du fumier d'étable. Quant à l'efficacité du fumier de ville, elle est facile à concevoir, lorsqu'on réfléchit qu'il est constitué par des débris de toute nature, végétaux, animaux et minéraux, et qu'il renferme, par conséquent, les éléments de presque toutes les cultures.

286ᵐᵉ Q. — *Comment peut-on encore augmenter les effets du fumier de ville?*

R. — En le traitant de la manière suivante : On le mélange, par couches alternatives, avec du fumier de bêtes à l'engrais, avec du sable de mer, de la poussière recueillie sur les routes, et on forme ainsi des tas que l'on arrose, tous les jours, avec de l'urine ou des eaux croupies. Dès le huitième ou le neuvième jour, les tas *fument*, et au bout d'un mois l'engrais est complétement fait.

SECTION X. — DES ENGRAIS VERTS.

287ᵐᵉ Q. — *Qu'entend-on par engrais verts?*

R. — On désigne sous ce nom les matières végétales fraîches enfouies dans la terre, dans le but d'enrichir le sol des principes que ces substances ont absorbés à l'atmosphère, par le fait de leur croissance sur le terrain où leur enfouissement a lieu.

288ᵐᵉ Q. — *Comment utilise-t-on les engrais verts?*

R. — Deux circonstances peuvent se présenter : ou bien on n'enfouit qu'une partie de la récolte, ou bien on l'enfouit tout entière.

Le premier cas se présente quand on fait la récolte des plantes-racines et tuberculeuses, des pommes de terre, des carottes, des navets, des betteraves ; il reste alors sur le terrain des fanes et des feuilles qui peuvent servir soit de fourrage, soit d'engrais. En général, il ne paraît pas fort avantageux de faire passer ces parties vertes par le corps du bétail pour les convertir en engrais, à moins, toutefois, de pénurie ou de disette de fourrage. Il vaut mieux, sauf les cas particuliers, enterrer ces fanes et ces feuilles le plus tôt possible après la récolte et avant que leur décomposition putride puisse s'effectuer à l'air. On restitue ainsi à la terre la plus grande partie des substances inorganiques qui lui ont été enlevées par la végétation.

On doit naturellement ranger parmi les engrais verts les plus énergiques, les récoltes que l'on enfouit en totalité lorsqu'elles sont parvenues à un certain degré de développement, car, de cette façon, le sol n'a rien perdu de ses principes et s'enrichit de tous ceux que les végétaux ont aspirés dans l'air. Cette méthode est fort ancienne et s'emploie fréquemment dans le Midi. Les plantes cultivées dans le but de les enfouir sont les navets, le seigle, le sarrasin, le colza, la navette, les pois, les vesces, les féveroles, le lupin, etc., etc. ; cependant, on accorde généralement la préférence à ces dernières qui, ainsi que toutes les légumineuses, prélèvent le plus de principes à l'atmosphère.

CHAPITRE IX.

Des engrais organiques artificiels.

289ᵐᵉ Q. — *Qu'appelle-t-on composts?*

R. — On donne ce nom aux mélanges de plusieurs espèces d'engrais auxquels on ajoute ou non des sels minéraux. Les composts ont à peu près la même composition que les fumiers de ville, auxquels ils ressemblent, d'ailleurs, par la multiplicité des éléments divers qui les constituent.

290ᵐᵉ Q. — *Quelles sont les matières propres à la confection des composts?*

R. — Ces matières sont très-nombreuses et, malheureusement, sont presque toujours perdues pour l'agriculture ; je crois utile de citer quelques-unes des substances dont on néglige journellement l'emploi, malgré leurs facultés fertilisantes ; ce sont :

La tourbe.

Les débris d'écorce de chêne des tanneries.

Le bois pourri.

La sciure de bois.

Les feuilles d'arbres.

Les mauvaises herbes.

Les plantes aquatiques.

Les débris de paille.

Les tiges de colza.

Les vieilles bottes de navettes et de céréales.

La poussière des greniers à foin et à grains.

Le marc de raisin.

Le marc des pommes à cidre et à vinaigre.

Les épluchures de légumes.

Les eaux de savon.

Les eaux des amidonneries.

Les eaux ménagères.

Les sables de route.

Les ratissures d'allées.

Les cendres de bois.

Les cendres de houille.

Les cendres de tourbe.

Les charrées qui ont servi au lessivage du linge.

La suie de bois.

La suie de houille.

Les cadavres de bêtes mortes.

Les intestins, poumons, foie, estomac, etc., des animaux abattus.

Les os de boucherie, cassés menus.

Les poils.

Les cheveux.

Les plumes.

Les rognures de peau.

Les râpures de cornes.

Les résidus des fabriques de colle.

Le sang des animaux.

Les chiffons de laine et de soie.

Le limon des fossés, étangs et rivières.

La marne sèche, maigre et calcaire.

Cette énumération est bien longue déjà, et cependant elle ne comprend que les matières dont il serait facile de tirer, comme engrais, un excellent parti, surtout en les associant entre elles.

Au reste, on peut varier de toutes les façons possibles le nombre et la quantité des substances dont on peut se servir pour faire des composts.

291me Q. — *Comment forme-t-on un compost?*

R. — Ordinairement on dispose les matières qu'on veut employer par couches alternatives, plus ou moins épaisses, avec addition de terre calcaire, si l'engrais est destiné à un terrain argileux, ou de terre argileuse s'il doit être répandu sur un sol calcaire. On forme ainsi des tas qu'on arrose de temps en temps avec du purin, de l'urine, de l'eau de savon, etc., etc. Lorsque la fermentation est jugée suffisante, on démonte les couches, on les mêle bien et on transporte le fumier sur les champs.

292me Q. — *Quel parti peut-on tirer des foins envasés?*

R. — Il arrive assez fréquemment, soit par des inondations imprévues, soit par des pluies continues, que les foins *s'envasent*, pourrissent, ou ne se dessèchent qu'avec peine. Quand leur altération est assez notable, il est avantageux de les convertir en fumier par la méthode de Jauffret. Les moyens de conversion sont peu coûteux et faciles à mettre en pratique. Il suffit de disposer l'herbe en tas, en formant avec elle des couches successives, de 50 centimètres d'épaisseur, saupoudrées chacune de chaux vive; on arrose suffisamment et on couvre la meule de 10 centimètres de terre, afin d'empêcher l'évaporation et la perte des gaz fertilisants.

293me Q. — *Comment peut-on employer les plantes aquatiques comme engrais?*

R. — On extrait les végétaux qui croissent dans les rivières, dans les canaux et dans les mares, et on les transporte *immédiatement* sur le terrain. C'est particulièrement pour la culture de la pomme de terre que cet engrais est convenable, surtout dans les terres légères. On jette ces plantes au fond du sillon qu'on a pratiqué, et l'on place les pommes de terre dessus, ou bien dessous si le terrain est trop sec; dans tous les cas, on recouvre de terre. Cette méthode donne de fort bons résultats.

294ᵐᵉ Q. — *Qu'est-ce que la poudrette* (1)?

R. — On donne ce nom au résidu sec résultant du travail en grand des excréments humains, tel qu'il se pratique à Paris, Rouen, etc. Cette manière de traiter les matières fécales est peu convenable et occasionne beaucoup de pertes d'engrais.

295ᵐᵉ Q. — *Qu'appelle-t-on noir animalisé?*

R. — C'est un mélange de matières fécales avec une substance charbonneuse obtenue en calcinant la terre qui provient du curage des fossés, étangs, égouts, etc.

Cet engrais est peu coûteux, d'un très-grand effet et facile à employer.

296ᵐᵉ Q. — *Le sang est-il un bon engrais?*

R. — C'est à coup sûr un des meilleurs, non-seulement parce qu'il renferme 13 à 14 pour cent d'azote, mais aussi parce qu'il contient un grand nombre de sels, et notamment des phosphates, des chlorures et des sulfa-

(1) Au § 125 de son *Traité d'agriculture*, M. R..... donne de la poudrette la définition suivante : « *C'est une matière charbonneuse résultant de la calcination d'une terre calcaire mélangée de terreau, que l'on sature ensuite d'excréments humains.* » Pour une raison difficile à comprendre, M. R..... confond la *poudrette* avec le *noir animalisé*, et pour le prouver, je n'ai qu'à citer la définition de ce dernier produit donnée par Boussingault, dont M. R..... a, ainsi que moi, consulté l'ouvrage ; on le prépare « en mêlant les matières fécales avec une sorte de charbon animal, obtenu en calcinant en vases clos une terre poreuse imprégnée de substances organiques : *C'est le noir animalisé.* » (Boussingault, t. II, page 145.) Pour quel motif donner au lecteur des désignations inexactes et de nature à l'induire en erreur ?

les alcalins et terreux très-utiles aux végétaux. M. Payen prétend qu'un kilogramme de sang sec représente 5 kilog. d'os pulvérisés ou 72 kilog. de bon fumier de cheval. On doit l'employer de préférence au printemps et dans le cours de tout l'été, quand on prévoit des pluies prochaines. Cet engrais agit rapidement.

297ᵐᵉ Q. — *Comment doit-on, dans les fermes, appliquer le sang frais des animaux qu'on abat?*

R. — La meilleure manière de n'en rien perdre serait de conduire l'animal sur un champ, de lui ouvrir les veines et de lui faire répandre son sang en marchant jusqu'à ce qu'il tombe. Quant aux autres parties, à l'exception de la peau, il serait avantageux de les couper en menus morceaux, qu'on répartirait et qu'on recouvrirait immédiatement avec de la terre.

298ᵐᵉ Q. — *Comment doit-on traiter les animaux tués ou crevés dans les fermes?*

R. — L'animal tué ou crevé est placé immédiatement dans une fosse de peu de profondeur, au fond de laquelle on a mis une couche de chaux ; le cadavre est lui-même saupoudré d'une quantité suffisante de cette matière caustique. Cela fait, on recouvre le tout avec de la terre provenant de l'excavation creusée, de manière à former un monticule qui dirige de côté les eaux pluviales. Au bout de quinze jours, si l'on n'a pas ménagé la chaux, on peut ouvrir la fosse et séparer aisément la chair des os, qui sont mis à part. Quant à tous les autres débris, on les mêle avec la meilleure terre que l'on possède et dans la proportion approximative d'une partie de terre pour six parties de matières animales en poids. Après un mois de repos, et avant de se servir de ce compost, on le bêche pour que le mélange du tout soit intime, et on le répand sur le terrain qui a reçu son dernier labour. On passe ensuite la herse, afin que l'incorporation de l'engrais avec le sol soit aussi parfaite que possible.

299ᵐᵉ Q. — *Comment peut-on utiliser les débris des bou-cheries, des marchés aux poissons ?*

R. — Les intestins, poumons, cœur, estomac, etc., provenant des tueries et abattoirs, ainsi que les déchets des poissonneries, sont d'un excellent emploi comme engrais. Il suffit de les mélanger avec six à sept fois leur poids de bonne terre sèche, qui ne soit pas trop sablon-neuse, mais plutôt argileuse. Ce compost est ensuite en-foui au milieu du tas de fumier, qu'on doit fréquemment arroser.

300ᵐᵉ Q. — *Peut-on tirer parti des écailles de moules, huîtres, etc.?*

R. — Certainement, et ces matières, grossièrement pulvérisées, seront très-convenables pour les terres à froment, par exemple, en raison de la proportion de phosphates de chaux et de magnésie qu'elles renferment.

301ᵐᵉ Q. — *Comment les os peuvent-ils servir d'engrais?*

R. — Il est bon de leur faire subir, avant de les em-ployer, quelques modifications essentielles. On commence par les faire bouillir avec de l'eau dans une chaudière en fonte; la graisse, qu'ils contiennent en assez forte proportion, se liquéfie par la chaleur et vient surnager l'eau, à la surface de laquelle on la puise avec une cuil-ler. Cette substance a une assez grande valeur et, dans le commerce, on la mélange avec les suifs. On ne pour-rait, d'ailleurs, se dispenser d'extraire la graisse, car elle serait un obstacle à la décomposition des os dans le sein de la terre.

Lorsque les os sont égouttés, on les broie entre des cylindres en fonte et on les réduit ainsi en une poudre grossière.

Cette poudre d'os renfermant plus de la moitié de son poids de *phosphate et de carbonate de chaux*, est douée d'une grande puissance fertilisante et convient tout par-ticulièrement pour la culture des céréales.

302me Q. — *Les poils, les plumes, les chiffons de laine, les rognures de cuir, etc., peuvent-ils être considérés comme engrais?*

R. — Ce n'est que depuis quelques années que l'importance de ces matières, et spécialement celle des chiffons de laine, a été bien appréciée. Toutes ces substances, bien que d'un aspect différent, ont une composition, à peu de chose près identique, et renferment environ 15 à 17 pour cent d'azote. On voit, par cette circonstance seule, qu'elles doivent être d'un excellent emploi.

Un des plus grands avantages que présentent ces déchets enfouis dans le sol, c'est la décomposition très-lente dont ils sont le siége; extrême lenteur qui donne aux effets qu'ils produisent une persistance qu'on recherche vainement dans les autres matières animales, sans même en excepter les os.

303me Q. — *Que nomme-t-on tourteaux?*

R. — Ce sont des espèces de galettes qu'on obtient en battant certaines graines pour en retirer l'huile. Exemples : les tourteaux de *colza*, de *lin*, de *chanvre*.

Ces tourteaux sont fréquemment employés à la nourriture des bestiaux.

304me Q. — *Pourquoi les tourteaux peuvent-ils être considérés, en général, comme d'excellents engrais?*

R. — Parce qu'ils contiennent une quantité notable d'azote, quantité, au reste, fort variable, puisqu'elle se trouve entre 3 1/2 et 9 pour cent; il y existe aussi des matières inorganiques et des sels terreux, particulièrement des phosphates et des sels de potasse. On peut, en outre, par l'emploi des tourteaux, réaliser quelquefois de notables bénéfices comme frais de transport, la quantité de tourteaux nécessaire à la fumure étant beaucoup moindre que celle du fumier de ferme qu'elle est susceptible de remplacer. Cette considération est importante quand il s'agit d'engraisser des terres dont l'accès est difficile.

305me Q. — *Pourquoi les eaux de savon peuvent-elles servir d'engrais?*

R. — Ces eaux contiennent des matières grasses qui étant saturées par des alcalis (potasse, soude, chaux), sont solubles et fournissent aux végétaux des aliments facilement assimilables. Les bases alcalines aident puissamment aussi au développement des plantes. D'ailleurs, les eaux de savon renferment des substances azotées enlevées aux corps qu'elles ont servi à nettoyer.

306me Q. — *Peut-on utiliser comme engrais la drêche, le marc de raisin, la pulpe de betteraves et de pommes de terre, le marc de pommes, etc., etc.*

R. — Certainement, et parmi ces substances, il en est qu'on peut donner comme nourriture au bétail; telles sont la *drêche* et la *pulpe de betteraves*.

307me Q. — *Quelles sont les propriétés de la suie?*

R. — Elles varient suivant la nature du combustible dont provient la suie. La suie de bois renferme une plus grande proportion de matières salines que la suie de houille, laquelle contient, en revanche, plus de principes azotés et ammoniacaux.

308me Q. — *Qu'appelle-t-on écobuage?*

R. — C'est une opération assez généralement usitée dans les contrées où l'agriculture est encore dans l'enfance. On dispose le gazon en tas, on y met le feu, et lorsque la masse est réduite en cendres, on répand celles-ci sur le terrain. En principe, l'écobuage est toujours une manœuvre désavantageuse; en effet, on perd par la combustion toutes les matières volatiles, tous les composés azotés que renferment les gazons, matières qui, se répandant dans l'air, sont perdues pour le sol, lequel se trouve appauvri de principes qui, pourtant, lui seraient si nécessaires. On comprend aisément que si au lieu de brûler les gazons, les bruyères, etc., ou les enfouissait par le labour, on aurait tous les avantages de l'écobuage sans devoir en redouter les pertes, car, ainsi, on enrichirait le terrain des combinaisons azotées en même temps que des matières fixes.

CHAPITRE X.

Amendements. — Engrais minéraux naturels.

309ᵐᵉ Q. — *Comment les substances minérales peuvent-elles amender les terres ?*

R. — Elles peuvent agir de différentes manières suivant leur nature, laquelle est choisie d'après les propriétés du terrain et l'espèce de végétal qu'on a en vue de cultiver. L'amendement, je l'ai déjà dit, améliore la constitution du sol, modifie son état physique, le rend plus ferme s'il est trop léger, plus perméable s'il est trop compacte, neutralise par son action l'influence nuisible de certaines matières, en un mot, agit en restituant à la terre les éléments inorganiques que les récoltes ont enlevés. Il est bien vrai que les engrais végétaux et animaux renferment tous des substances salines et terreuses, mais celles-ci ne s'y trouvent pas toujours en proportions suffisantes pour réparer les pertes du sol, ou pour en donner à certaines cultures spéciales qui en réclament beaucoup ; dans ces deux occurrences, il faut donc pourvoir la terre de ce qui lui manque pour satisfaire aux exigences du cultivateur.

310ᵐᵉ Q. — *Tous les amendements sont-ils susceptibles d'être employés indifféremment ?*

R. — Non, sans doute, et il faut les choisir suivant les besoins du sol et les éléments essentiels aux végétaux cultivés. Ainsi, la luzerne, le sainfoin, le trèfle réclament du plâtre; la silice et les sels de chaux conviennent aux céréales, tandis que la potasse est particulièrement utile au développement de la vigne.

311me Q. — *Quels sont les principaux engrais minéraux naturels?*

R. — Ce sont les suivants :

1° Les *pierres calcaires*, parmi lesquelles nous placerons la *chaux* qui en provient.

2° La *marne.*

3° Le *plâtre.*

4° L'*argile.*

5° Les *sels alcalins.*

6° L'*eau.*

Comme de raison, toutes ces matières, très-utiles dans certaines circonstances, sont sans efficacité lorsque le sol les renferme ou quand les végétaux cultivés ne les réclament pas.

312me Q. — *Le principe calcaire est-il utile à la végétation?*

R. — Sans aucun doute. On prétend même que les terres où il manque ne deviennent jamais très-fertiles. Il faut donc introduire cet élément dans les sols où il fait défaut. On y parvient par le *chaulage*, c'est-à-dire en répandant et en enfouissant dans le terrain le principe calcaire, soit à l'état de chaux vive, soit à l'état de *marnes* plus ou moins *sablonneuses ou argileuses.*

313me Q. — *Comment distingue-t-on les chaux?*

R. — 1° En *chaux grasse*, qui augmente beaucoup de volume en s'éteignant; elle est employée à la préparation des mortiers ordinaires.

2° En *chaux hydraulique*, qui se durcit dans l'eau après quelques jours, et qui est, par conséquent, précieuse pour la construction des citernes, réservoirs, etc.

3° En *chaux maigre*, qui ne s'échauffe et n'augmente

presque pas de volume quand on l'éteint, et qui ne se durcit point dans l'eau. Cette chaux provient des terres calcaires qui contiennent beaucoup de *carbonate de magnésie*.

314ᵐᵉ Q. — *La chaux peut-elle remplacer les engrais organiques?*

R. — Non, sans doute ; elle ne produit même de bons effets qu'avec leur concours. Il est des circonstances où l'action de la chaux pourrait être désavantageuse, dans le cas, par exemple, où l'engrais organique renfermerait beaucoup de sels ammoniacaux que la chaux décomposerait, en dégageant l'ammoniaque qui serait en grande partie perdu pour le sol. C'est pourquoi, aux environs de Lille, où on emploie beaucoup d'engrais flamand, on se sert fort peu de la chaux.

315ᵐᵉ Q. — *Comment, en général, applique-t-on la chaux aux terrains qu'on veut amender?*

R. — La méthode la plus généralement employée consiste à former de petits tas de chaux de 20 à 30 litres chacun, espacés de 5 à 8 mètres. Quelquefois on recouvre ces petits monticules au moyen de gazon ou de terre. La chaux ne tarde pas à s'hydrater en se combinant avec de l'eau, augmente de volume et se délite. Quand on recouvre les tas, on doit boucher les fissures qui, bientôt, crevassent l'enveloppe terreuse. Dans tous les cas, quand la chaux est devenue farineuse, on la répand sur le sol, le plus uniformément possible. Quelques cultivateurs éteignent directement la chaux à la ferme et la transportent ensuite sur les terres labourées, où on l'épand à la pelle ; cette méthode est mauvaise et élève beaucoup les frais de transport, la chaux augmentant de poids et de volume pendant son extinction. J'ai déjà indiqué comment on se sert de la chaux pour la préparation des composts.

La chaux rend moins compactes et moins froids les

terrains argileux. Elle serait, au contraire, nuisible dans les terres déjà trop légères et sans consistance.

316ᵐᵉ Q. — *Qu'est-ce que la marne?*

R. — La *marne* est un mélange naturel de carbonate de chaux et d'argile, ou de carbonate de chaux et de sable. Ces trois substances se rencontrent en proportions relatives extrêmement variables, et les marnes contiennent depuis 15 jusqu'à 90 pour cent de carbonate de chaux. Les *marnes* présentent un caractère d'une appréciation facile ; c'est celui de se déliter, c'est-à-dire de se pulvériser sous les influences atmosphériques.

317ᵐᵉ Q. — *Quels effets peuvent produire les marnes employées à l'amendement des terres ?*

R. — Les marnes agissent d'abord par le calcaire qu'elles renferment et par la chaux qu'elles sont à même de fournir aux récoltes; sous ce rapport, toutes les marnes peuvent être employées indifféremment, mais d'autres considérations déterminent des préférences. Une marne argileuse qui serait d'un excellent usage sur une terre sablonneuse et légère, deviendrait nuisible dans un sol déjà trop argileux, c'est-à-dire très-compacte ; de même une marne siliceuse d'un emploi médiocre dans un terrain trop sablonneux, ameublirait avantageusement un sol argileux. La marne contient aussi quelques sels ammoniacaux.

On peut appliquer la *marne* de la même manière que la *chaux*. Il est bon, cependant, de laisser longtemps la marne à l'air avant de l'incorporer au terrain.

318ᵐᵉ Q. — *Qu'est-ce que le plâtre?*

R. — C'est de la *chaux* unie avec de *l'acide sulfurique* (soufre et oxygène). Le *plâtre* naturel contient à peu près 21 pour cent d'eau ; il est très-peu soluble dans l'eau.

319ᵐᵉ Q. — *Comment peut-on appliquer le plâtre à l'amendement des terres?*

R. — On peut employer le plâtre avant ou après sa

cuisson, cette circonstance n'influant en rien sur son mode d'action. Quand on veut plâtrer une prairie artificielle, l'expérience a prouvé qu'il convient de le répandre en poudre, au printemps et lorsque les plantes ont acquis un certain degré de croissance. Autant que possible on doit choisir un temps calme, pour que le vent n'enlève pas la poussière calcaire, et préférer le matin, ou un jour humide, afin que le plâtre puisse adhérer aux feuilles mouillées par la rosée ou par une pluie fine. On peut aussi mêler le plâtre à la terre en en saupoudrant celle-ci à l'époque des labours d'automne, mais il paraît qu'en le projetant sur les feuilles humides, celles-ci, en se séchant, le répandent sur le terrain avec une régularité à laquelle n'atteignent point les moyens mécaniques, ni le semis fait à la main.

La quantité de *plâtre* à employer par hectare varie de 200 à 2,000 kilogr., selon le prix de la matière et la nature du sol.

320me Q. — *Qu'est-ce que l'argile?*

R. — C'est une substance que l'on connaît, dans beaucoup de localités, sous le nom de *terre glaise*. *L'argile pure* (terre à pipe) est blanche, douce au toucher, tenant à la langue. Elle forme avec l'eau une pâte qui se fendille en séchant. De là les crevasses que l'on remarque sur les terres trop glaiseuses pendant les temps de sécheresse.

321me Q. — *Quelle est l'utilité de l'argile dans les sols?*

R. — Elle est fort grande, pour autant que la quantité d'argile ne soit pas trop considérable. En effet, un terrain exclusivement sablonneux ou calcaire est stérile, parce qu'il ne peut, pour ainsi dire, rien garder de l'eau que la pluie répand à sa surface, et qui passe à travers le sol comme à travers un filtre. Quand, au contraire, l'argile entre pour une proportion notable dans la matière du terrain, une grande partie de l'eau est retenue par l'argile avec laquelle elle forme une espèce de pâte d'une dessiccation très-lente, et qui offre aux racines des végétaux l'humidité nécessaire à l'accomplissement de leurs fonctions. Au reste, il ne faut pas que l'argile soit en proportion très-forte, car elle rend le terrain trop résistant, trop compacte, peu perméable aux gaz et à l'air, et ne permet d'ailleurs pas aux racines de se développer à l'aise. Il est bon de savoir que toutes les argiles contenant de petites quantités d'ammoniaque, sont, par cette raison même, favorables à la culture d'un grand nombre de végétaux.

On emploie quelquefois pour amendement de l'*argile cuite*. On obtient celle-ci en chauffant l'*argile crue* avec des broussailles et de mauvaises herbes enflammées.

322me Q. — *Quels sont les sels alcalins qui peuvent servir à amender les terres?*

R. — Ce sont : le *sel commun* (chlorure de sodium), le *sulfate de soude*, le *nitrate de potasse* (salpêtre), le *nitrate de soude* et le *silicate de soude* (verre à vitre) qu'on pulvérise et qu'on prépare, en Angleterre, pour les besoins de l'agriculture.

On pourrait également tirer parti des *crasses* qui sortent des hauts fourneaux dans les pays de Charleroi et de Liége.

Il est certaines plantes qui réclament beaucoup de *potasse*, par exemple, le *colza*. Il peut donc être avantageux d'introduire cet élément dans les terrains où il manque.

323me Q. — *Comment l'eau peut-elle agir à la manière des amendements?*

R. — Rien n'est plus facile à concevoir. Dans les diverses circonstances où la nature la présente, l'eau n'a pas un degré de pureté absolu; il s'en faut même de beaucoup, et, presque toujours, l'eau renferme plusieurs des principes les plus essentiels à la constitution des plantes. Dès lors, il est évident que l'eau doit agir comme engrais dans la proportion des éléments nutritifs qu'elle contient.

324ᵐᵉ Q. — *Quels sont les principes étrangers que l'eau peut contenir?*

R. — Ces principes peuvent être nombreux et très-variables suivant l'origine de l'eau. Les eaux de *puits* et de *sources* peuvent renfermer plus ou moins des substances suivantes :

Acide carbonique.

Carbonate de chaux.	Acide carbonique et chaux.
Sulfate de chaux (plâtre).	Acide sulfurique et chaux.
Oxyde de fer.	Fer et oxygène.

Magnésie.

Silice.

Ammoniaque.

Potasse et soude.

Sel marin.

Matière organique végétale et animale.

Les *eaux de rivières et de ruisseaux* sont assez généralement moins calcaires que les eaux de sources, mais elles contiennent souvent plus de sels alcalins et de matières organiques, provenant des résidus que produisent les fabriques et les lieux d'aisances des habitations, qui débouchent fréquemment dans les cours d'eau.

325ᵐᵉ Q. — *Comment les irrigations peuvent-elles être utiles?*

R. — Dans les réponses précédentes, j'ai indiqué les matières que les différentes eaux renferment ; cette énumération suffit pour faire comprendre les avantages des irrigations bien dirigées. En général, l'eau apporte à la terre plusieurs des éléments salins qui lui manquent, et quelquefois, elle peut agir en entraînant au loin certains principes acides ou autres que la nature du sol engendre. Ainsi, par exemple, les terrains tourbeux mis en prairies sont améliorés par les irrigations, qui enlèvent ou seulement qui délayent les substances qui s'y sont développées. En résumé, chaque fois que l'eau a accès à la prairie, c'est, en réalité, une nouvelle fumure qui y est appliquée. On a vu, par ce moyen, réaliser des avantages prodigieux. Ceux qui n'auraient à cultiver qu'un terrain de peu d'étendue, pourraient, pendant les temps de sécheresse, se servir avec un grand avantage, pour l'arrosement, de la pompe à *jet continu* de M. Legrand, membre de la Société centrale d'agriculture du Pas-de-Calais (France); cette pompe en cuivre, qui ne coûte que 42 francs, lance l'eau à une distance de 30 mètres au moins, et peut, au besoin, servir de pompe à incendie.

CHAPITRE XI.

Amendements. — Des engrais minéraux artificiels.

326ᵐᵉ Q. — *Comment distingue-t-on les cendres de bois?*

R. — En cendres *non lessivées* et en cendres *lessivées*. Les premières sont telles qu'elles résultent de la parfaite combustion des matières végétales; les secondes constituent les résidus auxquels donne lieu le lessivage de celles-ci dans les savonneries, en vue d'en utiliser la potasse pour la saponification des huiles, du suif ou de la résine.

Les *cendres non lessivées* contenant une assez forte proportion de potasse, de soude et de sels alcalins, sont un engrais très-énergique, mais généralement coûteux, vu leur emploi dans les savonneries. Les *cendres lessivées* ont beaucoup moins de puissance et, par conséquent, beaucoup moins de valeur. On peut appliquer les *cendres* de la même manière que la chaux.

327me Q. — *Qu'est-ce que la tourbe?*

R. — C'est le produit de la décomposition lente des végétaux dans le sein de la terre ou des eaux stagnantes. Cette altération n'est pas ancienne, d'ailleurs, car on peut reconnaître dans la tourbe la nature des plantes qui lui ont donné naissance. La tourbe renferme les mêmes éléments que les végétaux, et contient, le plus souvent, une proportion d'azote supérieure à celle qui existe dans les plantes vivantes. On peut donc employer la tourbe comme engrais soit directement, soit en la mélangeant avec un peu de chaux pour faire des composts. La tourbe est, dans certains pays, le seul combustible de la classe pauvre et ouvrière.

Les *cendres de tourbe* peuvent également servir avec succès à l'amendement des terrains.

328me Q. — *Qu'est-ce que la houille?*

R. — C'est un combustible minéral résultant de la décomposition des végétaux enfouis dans la terre. L'altération éprouvée par ces matières est beaucoup plus profonde que celle qui caractérise la tourbe; aussi ne peut-on que rarement soupçonner dans les houilles la nature des végétaux dont elles proviennent. La houille, surtout en Belgique et en Angleterre, est l'élément premier de toute puissance industrielle et sert à alimenter les foyers de toutes les usines, fonderies, manufactures, machines à vapeur, etc. On voit, par l'immense consommation que doivent nécessiter ces nombreux usages, que la production des cendres de houille est des plus considérables.

329me Q. — *Comment peut-on appliquer les cendres de houille à l'amendement des terrains?*

R. — Ces cendres contiennent en général de l'*argile*,

de la *chaux*, de la *magnésie*, de l'*oxyde de fer*, du *soufre* et quelquefois un peu de *potasse* ou de *soude*; on peut donc employer ces cendres, et, particulièrement, pour amender les terres trop argileuses et trop compactes.

330me Q. — *Ne pourrait-on pas employer la houille en nature pour l'amendement des sols?*

R. — Il y a quelques années qu'un ingénieur belge a proposé de répandre la poussière de houille maigre, laquelle n'a pour ainsi dire aucun usage, sur les terres qu'on veut amender; il prétend que cette manœuvre est de nature à donner de bons résultats, et je partage complétement son avis. La houille, en effet, peut, aussi bien que les cendres qui en proviendraient, ameublir le terrain, et y introduire les matières que celles-ci y pourraient apporter.

331me Q. — *Qu'appelle-t-on sels ammoniacaux?*

R. — Ce sont des matières résultant de la combinaison de l'ammoniaque avec des acides; ces sels s'obtiennent dans diverses fabriques où on travaille les *os*, la *houille* pour obtenir le gaz d'éclairage, les *urines*, les *excréments humains*, etc., etc.

332me Q. — *Quelle influence les sels ammoniacaux peuvent-ils exercer sur la végétation?*

R. — Cette influence doit être essentiellement avantageuse, les sels ammoniacaux renfermant l'élément le plus indispensable au développement de la plupart des principes organiques, c'est-à-dire l'*azote*. La pratique, d'ailleurs, a confirmé pleinement, à cet égard, les indications de la théorie.

FIN.

TABLE DES MATIÈRES.

—

Préface. — But de l'ouvrage.   Pages. v

CHAPITRE PREMIER.

DES VÉGÉTAUX, DE LEUR DÉVELOPPEMENT ET DE LEURS CONDITIONS D'EXISTENCE.

De la plante.
Des racines.   2 et 3
Des feuilles.   3
De la sève et du mécanisme de sa circulation.   3 et 4
De la sève descendante.   4
De la respiration des plantes.   4
Des excrétions des plantes.   5
Du mode d'accroissement des végétaux   5
De la fécondation.   5 et 6
De la maturation.   6
De la germination.   6
    6 et 7

Pages.

De la *terre labourable*.　7
De l'utilité des *labours*.　7
De la *jachère*.　7 et 8
Des *assolements*.　8
Des *engrais* et amendements.　8, 9 et 10
But de la *culture*.　10
Conditions d'une bonne *récolte*.　10 et 11

CHAPITRE II.

CONSIDÉRATIONS PHYSIQUES ET MÉTÉOROLOGIQUES APPLICABLES A L'AGRICULTURE.

Du *calorique* ou de la *chaleur*.　11, 12 et 13
Du *froid*.　13
De la *gelée* et de ses influences.　14
De la *pluie* et de ses influences.　14 et 15
De la *neige* et de ses influences.　15
De la *grêle* et de ses influences.　15
Des *paragrêles*.　16
Des *nuages*.　16
Des *brouillards*.　16
De la *rosée*.　17
De la *gelée blanche*.　17
Des *vents* et de leurs influences.　17
De la *lumière* et de ses influences sur les végétaux.　17 et 18
De l'*électricité*.　18
De l'*orage*.　18 et 19
Des *paratonnerres*.　19
Des *pronostics atmosphériques*.　20 et 21

CHAPITRE III.

NOTIONS ÉLÉMENTAIRES DE CHIMIE AGRICOLE.

Des *corps* en général.　21
Des corps *simples et composés*.　22
De la matière *organique* des végétaux.　22
De la matière *inorganique* des végétaux.　22
De la composition de la *matière organique*.　23
Du *carbone*.　23 et 24

	Pages.
De l'hydrogène.	25
De l'oxigène.	25
De l'azote.	25 et 26
Des composés utiles aux végétaux formes par l'union du carbone, de l'hydrogène, de l'oxigène et de l'azote.	26 et 27
De l'air et des substances qu'il renferme accidentellement ou naturellement.	27 et 28
Preuve de l'oxigène dans l'air.	28
» l'azote »	28
L'oxigène est indispensable à la respiration.	29
De l'acide carbonique, et de son influence dans la végétation.	29, 30 et 31
Présence de l'eau dans l'air.	31
Causes de la viciation de l'air.	32 et 33
Moyens d'assainir l'air.	33
De l'eau et des substances qu'elle renferme.	33
Assainissement des eaux bourbeuses.	35 et 36
De l'ammoniaque et de son influence sur les végétaux.	36
De la partie inorganique des plantes, de sa composition, de sa quantité relative.	37 et 38
De la chaux.	39
De la potasse.	39
De la soude.	40
De la magnésie.	40
De l'oxyde de fer.	40
De l'oxyde de manganèse.	41
De la silice.	41
De l'acide sulfurique et des sulfates.	42
De l'acide phosphorique et des phosphates.	42 et 43
Du chlore.	43 et 44
De l'assimilation des matières inorganiques par les végétaux.	44 et 45

CHAPITRE IV.

DES MATIÈRES ORGANIQUES EXISTANT DANS LES VÉGÉTAUX.

SECTION PREMIÈRE. *Des matières organiques existant dans les végétaux.*	45
Des matières organisées { azotées. / non azotées. }	45
De la substance ligneuse.	46
De l'amidon.	46
De l'extraction de l'amidon.	46
Du sucre.	46 et 47
Du sucre de canne.	47

Pages.

Du *sucre de raisin.* 47
De la *gomme.* 47
Des *acides organiques.* 47
Des *huiles fixes.* 47
Des *huiles essentielles.* 47
Des *matières colorantes.* 48
Du *gluten, de la fibrine et de l'albumine.* 48 et 49
Des *alcalis végétaux.* 49
Section ii. *Des états sous lesquels les éléments qui composent les ma-
tières organisées des végétaux sont absorbées par ceux-ci, et des
circonstances dans lesquelles cette absorption s'effectue.* 49
Des *éléments* qui composent les matières organiques. 49
De l'*origine des éléments* des plantes. 49, 50 et 51
Des conditions indispensables à l'élaboration des éléments des ma-
tières organiques. 52

CHAPITRE V.

DES SOLS ET DES AMENDEMENTS QUI LEUR CONVIENNENT.

Section première. *Conditions générales que doivent réaliser les sols
propres à la culture.* 53
Des relations qui existent entre les sols et les éléments inorgani-
ques des *récoltes.* 53
Des caractères de la *terre cultivable.* 53 et 54
Du *sous-sol* et de son influence. 54 et 55
Principes immédiats des terrains. 55 et 56
Section ii. *Des diverses espèces de sols et des amendements qui leur
conviennent.* 56
Division des *sols.* 56
Caractères des sols *argileux.* 57
Composition des *sols argileux.* 57
Amendements des *sols argileux.* 58
Caractères des *sols calcaires.* 58
Amendements des *sols calcaires.* 58
Caractères et composition des *sols sablonneux.* 58 et 59
Amendements des *sols sablonneux.* 59
Section iii. *De la préparation du sol.* 59
Ameublissement et *Pulvérisation* du sol. 60
Influence du *mélange intime* des parties qui composent le *sol.* 60
Utilité des *labours profonds.* 61
De la destruction des *mauvaises herbes.* 62
Des diverses *préparations* que l'on peut faire subir aux sols culti-
vables. 63 et 64

CHAPITRE VI.

DU DESSÈCHEMENT DES TERRAINS.

Pages.

Caractères principaux des *terres humides*. 64

Des raisons pour lesquelles les *terres humides* sont peu propres à
   la végétation. 65

Comment le dessèchement améliore un terrain *humide*. 66

Comment on procède au dessèchement des *terrains humides*. 66 et 67

CHAPITRE VII.

DES ASSOLEMENTS.

Considérations générales relatives aux *assolements*. 67, 68, 69, 70, et 71

Des diverses influences que les plantes exercent sur le *sol*. 71 et 72

Des plantes qui *enrichissent* le sol. 72

   »   *améliorent*   » 72

   «   *ménagent*   » 73

   »   *épuisent*   » 73

Exemples d'*assolements* suivis en Belgique. 73, 74 et 75

CHAPITRE VIII.

DES ENGRAIS ORGANIQUES NATURELS.

SECTION PREMIÈRE. *Des fumiers en général.* 76

Des propriétés, des usages, de la *promptitude d'action, de la durée*
   et de la division des fumiers. 76, 77 et 78

SECTION II. *Excréments des oiseaux.* 78

De la *colombine* (fiente de pigeon.) 78

Des excréments de poules, oies, canards, etc. 78 et 79

Du *guano*; sa nature et sa composition. 79

SECTION III. *Excréments des herbivores.* 79

Du *fumier de porc.* 80

Du *fumier de cheval.* 80

Du *fumier de mouton.* 81

Du *fumier de bêtes à cornes.* 81 et 82

De la fermentation des *fumiers.* 82

TABLE DES MATIÈRES.

	Pages.
Des *fumiers longs et des fumiers courts.*	82
De la valeur relative des *excréments des herbivores.*	83
SECTION IV. *Des urines.*	83
De la composition des urines.	83 et 84
De la valeur relative du *fumier de ferme* et des *urines des herbivores.*	84
De la manière de recueillir et de traiter les *urines.*	84 et 85
De l'emploi des *urines*; de leur action et de leur valeur comme engrais.	85 et 86
SECTION V. *Des excréments humains.*	86
Composition des *excréments humains.*	86
De leur emploi à l'état frais.	86
Mode d'emploi de l'engrais flamand.	87
Valeur *vénale, pratique et comparée* de l'engrais flamand.	88
SECTION VI. *De la différence existant entre les fumiers selon la nourriture donnée aux animaux, l'organisation de ceux-ci et la litière qu'on leur donne.*	88, 89 et 90
De l'influence qu'exerce la nature de la litière donnée aux animaux sur la production des fumiers.	90
Des *pailles*, classées d'après leur valeur comme engrais.	90
De l'emploi comme litières, des *pailles de colza, de sarrazin, de pois, de fèves*, etc.	90
Des cendres de *paille*, comme engrais.	90
De la *quantité de litière* à donner aux animaux.	91
Des matières propres à remplacer la *paille* comme litière.	91 et 92
De l'emploi des *bruyères*, des *gazons*, et des *genêts* pour la confection des *fumiers.*	92
De la terre employée comme litière.	92 et 93
SECTION VII. *De la manière de traiter les fumiers avant leur emploi comme engrais.*	93 à 96
De la disposition ordinaire du *tas de fumier.*	93
De la manière dont il conviendrait de disposer le *tas de fumier.*	94
Du *fumier* fait à l'étable.	95
Des conditions de salubrité des étables.	96
SECTION VIII. *De l'emploi des fumiers.*	96 à 100
Du *fumier normal.*	96
De l'emploi comparé du *fumier frais* et du *fumier fermenté.*	97
De la manière de diminuer la perte en *azote* résultant de la *fermentation des fumiers.*	97
Du mode d'application du *fumier frais.*	97
De la *durée* et de la *promptitude d'action des fumiers.*	99
De la fumure des *terres en pente.*	99
De l'emploi des *fumiers* eu égard aux *cultures.*	99 et 100
De la quantité de *fumier de ferme* nécessaire à un hectare de terrain.	100
SECTION IX. *Des fumiers de villes.*	100 à 102
SECTION X. *Des engrais verts.*	102 et 103

CHAPITRE IX.

DES ENGRAIS ORGANIQUES ARTIFICIELS.

	Pages.
Des composts.	103 à 106
De la *poudrette*.	106
Du *noir animalisé*.	106
Du *sang des animaux*.	106
Valeur du *sang*, comme engrais.	107
Des divers *débris animaux*.	107
Emploi des animaux crevés.	107
Emploi des déchets des tueries, abattoirs, marchés aux poissons, etc.	108
Des os *considérés comme engrais*.	108
Des *poils*, des *plumes*, des *chiffons de laine et de soie*, etc.	109
Des *fourneaux* et des *eaux de savon*.	109 et 110
Mode d'action comme engrais des *eaux de savon*.	110
De la *drèche*.	110
Du *marc de raisin*.	110
De la *pulpe de betteraves*.	110
De la *pulpe de pommes de terre*.	110
Du *marc de pommes*.	110
De la *suie*, des *cendres charbonneuses*, et des effets de l'*écobuage*.	110

CHAPITRE X.

AMENDEMENTS; DES ENGRAIS MINÉRAUX NATURELS.

Conditions générales.	111
Mode d'action des *amendements*.	111
Classification des amendements.	112
Du *principe calcaire*.	112
De la classification des *chaux de constructions* et *d'amendement*.	112
La *chaux* remplace-t-elles les engrais organiques ?	113
Application de la chaux sur les terres.	113
Quantités de *chaux* à employer sur un hectare.	113
Influence de la chaux comme *amendement*	113
De la *marne*.	114
Composition de la *marne*.	114
Effets de la *marne*.	114
Mode d'application de la *marne*.	114
Du *plâtre*.	114
Mode d'application du *plâtre* aux terrains.	114 et 115
Quantité de *plâtre* à employer pour amendement.	115

Pages.

De l'*argile*.   118
Des *sels alcalins*.   116
De l'eau considérée comme amendement.   116
Des principes étrangers que l'eau peut contenir   117
Des *irrigations* et de leur utilité.   117

CHAPITRE XI.

AMENDEMENTS; DES ENGRAIS MINÉRAUX ARTIFICIELS.

Des *cendres de bois*.   118
De la *tourbe*.   119
De la *houille* et de ses *cendres*.   119
Des *sels ammoniacaux*.   120

Table des matières.   121 à 128

FIN DE LA TABLE.

CATALOGUE

DE LA

LIBRAIRIE AGRICOLE

DE H. TARLIER,

ÉDITEUR DE LA BIBLIOTHÈQUE RURALE,

Rue de la Montagne, 51, à Bruxelles.

A. — *Publications agricoles.*

I. — Bibliothèque rurale, instituée par le Gouvernement belge, page 5. — Bibliothèque du Cultivateur, publiée avec le concours du Ministre de l'agriculture de France, page 8. — Bibliothèque française du jardinier, page 9. — Bibliothèque française de l'agriculteur praticien, page 9.

II. — Journaux et revues, page 10.

III. — Ouvrages principaux publiés en France et en Belgique, p. 15.

B. — *Publications diverses.*

Bibliothèque industrielle, page 25. — Musée populaire, page 27. — Bibliothèque des écoles, page 28. — Musée des écoles, page 30. — Ouvrages d'administration, etc., page 31.

C. — *Table alphabétique des noms d'auteurs.*

CONDITIONS DE VENTE.

Les ouvrages sont expédiés FRANCO dans tout le royaume aux personnes qui joignent à leur demande le payement en un mandat-poste ou en timbres-poste.

L'Éditeur se charge de fournir aux mêmes conditions les autres ouvrages belges, français et étrangers, qui ne figurent pas sur ce catalogue.

CATALOGUE

DE LA

LIBRAIRIE AGRICOLE

DE H. TARLIER

Rue de la Montagne, 54, à Bruxelles.

BIBLIOTHÈQUE RURALE (1)

Instituée par le Gouvernement belge.

Collection de traités destinés à l'amélioration et au perfectionnement de l'agriculture.

Annuaire agricole pour 1855, 1 vol. in-18.   1 fr. 25

Cet ouvrage, qui se publie depuis 4 années, présente l'organisation et le personnel de l'administration agricole de Belgique. Il contient des tableaux statistiques sur l'exploitation agricole, les produits des principaux marchés de l'Europe et la fixation des foires et marchés de Belgique, les exportations et importations, etc. Il analyse les découvertes utiles pour l'agriculture, etc.

Années 1850, 1851, 1852, 1853, 1854.   4 »

Culture (Manuel de), par Max. Le Docte, agronome-cultivateur, secrétaire de la Société centrale d'agriculture de Belgique.

Ce volume traite de la connaissance du climat et du sol, des engrais et amendements, des défrichements, des instruments de culture, de la culture des plantes en général, de la culture spéciale des plantes et de la succession des récoltes, etc. 1 vol. in-18 avec 56 gravures.   » 60

Chaux (Emploi de la) en agriculture. 1 vol. in-18.   » 20

L'emploi de la chaux est devenu une des questions les plus intéressantes à l'ordre du jour. Ce petit traité est mis en rapport avec le territoire de la Belgique, et l'auteur s'est attaché à résoudre les questions principales de pratique, même les plus controversées.

---

(1) Cette Bibliothèque étant publiée en français et en flamand, on est prié d'indiquer dans les demandes l'édition que l'on désire recevoir.

Comptabilité agricole, 1 vol. in-18 avec tableaux et modèles de livres.   » 40

> Cet ouvrage est spécialement destiné aux exploitations rurales. L'auteur s'est efforcé de simplifier autant que possible les théories de la comptabilité; aussi, tout cultivateur un peu intelligent pourra, après une lecture attentive, se pénétrer des règles de la tenue des livres. Les agriculteurs en sont, du reste, arrivés aujourd'hui à une époque où ils ne sauraient hésiter à faire usage des écritures, qui les éclairent sur leurs propres intérêts.

Arboriculture (Manuel d'), comprenant l'étude des pépinières, la culture spéciale et la taille des arbres à fruits, précédé de notions d'anatomie et de physiologie végétales. 2 vol. avec 205 gravures.   1 55

> Le *Manuel d'arboriculture* est puisé dans l'excellent cours de M. Du Breuil et dans les livres des principaux praticiens; un très-grand nombre de gravures facilitent l'intelligence du texte.

Drainage (Manuel de), par H. Stephens, traduit de l'anglais par Fred. D'Omalius, suivi d'une notice sur le drainage par J. M. J. Leclerc, chef du service de drainage en Belgique. 1 vol. in-18 avec 88 gravures. (*Nouvelle édition*.)   1 40

Chimie agricole (Manuel de) et de géologie, par F. W. Johnston, traduit de l'anglais. Édition augmentée d'un aperçu sur la constitution géologique de la Belgique, par M. Dewalque, membre de l'Académie royale des sciences. 1 vol. in-18 de 400 pag. avec gravures.   1 25

Irrigation (Manuel pratique d'), par J. Duru, professeur d'agriculture à l'École centrale. 1 vol. in-18 avec 100 planches gravées.   » 75

Vaches laitières (Choix des), *ou description de tous les signes à l'aide desquels on peut apprécier les qualités laitières des vaches*, par J. H. Magne, professeur à l'École vétérinaire d'Alfort. Édition revue, modifiée, et rendue applicable aux races belges. 1 vol. in-18 avec planches.   » 40

Maréchal ferrant (Manuel du), par Brogniez, professeur à l'École de médecine vétérinaire de l'État. 1 vol. in-18 avec 20 gravures.   » 50

Hygiène publique et privée (Manuel d') *à l'usage des instituteurs et des communes rurales*, par le docteur Sovet, mé-

decin de la Maison du Roi, membre de l'Académie royale de
médecine, etc. 1 vol. in-18 avec gravures.   » 75

Ouvrage approuvé par le conseil supérieur d'hygiène publique.

Forestier (Manuel), par Guéniat, agronome du Roi. 1 vol.
in-18 avec gravures.   » 30

Ce résumé traite de la science, de la production et de l'économie fores-
tières.

Engrais et amendements (Traité des), par Fouquet, directeur de l'École d'agriculture de Tirlemont. 1re partie. —
Engrais de ferme. 1 vol. in-18 avec gravures.   » 55

Instruments d'agriculture (Traité des), par Max. Le Docte,
agronome, secrétaire perpétuel de la Société centrale d'agriculture. 1 fort vol. in-18 avec 95 gravures.   » 95

Les instruments aratoires sont à la culture du sol ce que les engrais
sont aux récoltes. Il est indispensable de connaître les meilleures machines employées en agriculture.

Ce traité est le fruit d'une étude consciencieuse et d'observations recueillies sur les principaux points du pays.

Plantes oléagineuses (Culture des), par Max. Le Docte.
1 vol. in-18 avec gravures représentant les machines récem-
ment inventées pour le perfectionnement de cette culture.   » 85

Manuel de médecine vétérinaire, par Defays et Husson,
répétiteurs à l'École de médecine vétérinaire de l'État — première partie. — extérieur, anatomie, physiologie, ferrure et
parturition. 1 vol. in-18 avec gravures.   » 55

**Les Instruments d'agriculture à l'Exposition univer-
selle de Londres,** par un constructeur belge. 1 vol. in-18
avec 43 gravures.   » 55

Vigne (Culture de la) **et vins** (fabrication des), par P. Joigneaux, auteur du *Dictionnaire d'Agriculture*, rédacteur
de la *Feuille du Cultivateur.* 1 vol. in-18.   » 30

Culture maraîchère (Manuel de) — *partie théorique* — par
Julien Demy, professeur d'agriculture à Bruxelles — *partie pratique* — par Robigas, professeur d'agriculture à l'École normale
de Lierre. 2 vol. in-18 avec 58 gravures. 2e édition.   1 90

Chacun de ces volumes a obtenu un prix à la suite du concours institué
par le Gouvernement.

**Traité de la culture du mûrier et de l'éducation des
vers à soie** en Belgique, résumé des meilleurs auteurs fran-

çais et italiens, par A. Rossaro, président du premier district agricole du Brabant. 1 vol. in-18 avec 43 gravures.   1 »

Drainage (Traité de), ou **essai théorique et pratique sur l'assainissement des terres humides**, par J. Leclerc, ingénieur des ponts et chaussées, chef du service de drainage en Belgique. 1 vol. in-18 de 354 pages et 427 gravures.   2 »

Plantes-racines (De la culture des), par Max. Le Docte, agronome-cultivateur, secrétaire perpétuel de la Société centrale d'agriculture. 1 vol. in-18 avec 24 gravures.   » 90

Arbres fruitiers (De la culture des), par P. Joigneaux, agronome-cultivateur, auteur du *Dictionnaire d'Agriculture*. 1 vol. in-18 avec 14 gravures.   » 50

Constructions rurales (Manuel des), par A. Devinage, architecte attaché à la Maison du Roi. 1 vol. in-18 de 550 pages et 198 gravures.   3 »

Traité des graminées céréales et fourragères que l'on rencontre en Belgique, *avec des observations sur les variétés nouvelles*, par M. Du Mooz, médecin vétérin. du gouvernement, secrét. du comice agricole du 5e district de la Flandre orientale, 1 vol. in-18, avec 205 grav.   2 50

L'ouvrage est divisé en trois parties : la 1re est consacrée à l'étude de la nomenclature des organes des graminées, des formes et des positions qu'elles affectent; la 2e partie, outre la description complète des genres et des espèces, comprend quelques tableaux qui facilitent les recherches des tribus, des genres et des espèces; enfin, dans la 3e partie l'auteur indique tout ce que l'on sait aujourd'hui sur les stations, les propriétés et le rendement des espèces et des variétés, d'après les observations consignées dans les meilleurs travaux récents sur l'économie rurale.

Traité élémentaire des Engrais et Amendements, par Focqut, directeur de l'Ecole d'agriculture de Tirlemont. — Tome second. — **Engrais divers.** 1 vol. in-18.   » 90

Arpentage et nivellement (Traité pratique d') à l'usage des agriculteurs, par J. M. J. Leclerc, ingénieur des ponts et chaussées, chef du service de drainage, membre du conseil administratif de la Société centrale d'agriculture; et Toussaint, géomètre-arpenteur, attaché au département de

l'intérieur. 1 vol. in-18 avec 128 grav. et 4 planches (dont une
coloriée).   1 50

> L'ouvrage est divisé en 3 parties principales : la première est consacrée
> à l'arpentage ; la seconde traite du nivellement ; la troisième contient des
> notions sur le dessin, la copie et la réduction des plans. — La 1re partie se
> subdivise elle-même en 3 sections distinctes : Dans la première sont ex-
> posées les notions préliminaires sur les lignes et sur les angles, en même
> temps que toutes les considérations qui se rapportent aux instruments
> servant à mesurer ces deux espèces de grandeur. — La deuxième section
> expose les méthodes principales suivies pour laver les plans, c'est-à-dire
> la partie de l'arpentage qui consiste à représenter graphiquement les
> formes et les dimensions des terrains. — Enfin, la troisième section
> comprend l'arpentage proprement dit ou les méthodes qui servent à l'é-
> valuation de la superficie des terres, et au partage des propriétés.

Oiseaux de basse-cour. *De l'élève des poules*, par le baron
E. Paras, chevalier de l'ordre Léopold, membre de la commission provinciale d'agriculture de la Flandre occidentale ;
suivi d'une Notice *sur les oies, les canards, les pintades, les
dindons, les pigeons.* In-18 de 190 pages et 13 gravures.

Culture du lin (Traité de la) *et différents modes de rouissage,*
par J. Demeon, secrétaire du 5me district de la Flandre orientale, auteur du *Traité des Graminées céréales et fourragères.*
In-18 de 150 pages avec gravures.

SOUS PRESSE:

Laiterie (la), notions pratiques sur l'art de faire le beurre et de
fabriquer les fromages. — Manière de traiter le lait et la
crème. — Battage du beurre. — Procédés de salaison et de
conservation. — Moyens de remédier à la rancissure ; par
F. A. de Thier, membre de la commission d'agriculture de la
province de Liége, du conseil administratif de la Société centrale d'agriculture de Belgique, secrétaire de la section verviétoise de la Société agricole de l'Est, etc., etc., 2e édition,
augmentée. 1 vol. in-18 de 60 pages avec grav.   » 75

Catéchisme agricole, par Victor Vanden Broeck, docteur
en médecine, professeur de chimie et de métallurgie à l'École
des mines du Hainaut, membre du conseil administratif de la
Société centrale d'agriculture, membre de l'Académie royale
de médecine, etc., etc. 1 vol. in-18 de 174 pages.   » »

BIBLIOTHÈQUE DU CULTIVATEUR

PUBLIÉE AVEC LE CONCOURS DU MINISTRE DE L'AGRICULTURE
DE FRANCE.

(Format in-18.)

Animaux domestiques, — Zootechnie générale, — hygiène
et extérieur du cheval, élevage, entretien, utilisation du cheval,
de l'âne et du mulet, par LEFOUR. — 2 vol. — 480 pages,
55 gravures.   2 50

Économie domestique, par Mme MILLET-ROBINET. 1 vol.
234 pages, avec 21 grav.   1 25

Éleveur de bêtes à cornes (L'), par VILLEROY. 2e édition,
438 pages et 60 gravures.   1 25

Fermage (*Estimation, Plans d'amélioration, Baux*), par
DE GASPARIN. 2e édition, 384 pages.   1 25

Fruits (*Conservation des*), par Mme MILLET-ROBINET, auteur
de la *Maison rustique des Dames*, 180 pages.   1 25

Géométrie agricole (*Dessin linéaire, Arpentage, Toisé*), par
LEFOUR. 220 pages et 150 gravures.   1 25

Houblon (*Culture du*), par ERATH; traduit de l'allemand par
NAPOLÉON NICKLÈS. 136 pages et 22 gravures.   1 25

Métayage (*Contrats, Effets, Améliorations*), par DE GASPARIN,
2e édition, 166 pages.   1 25

Oiseaux de basse-cour et lapins, par Mme MILLET-
ROBINET. 3e édition, 204 pages et 11 gravures.   1 25

Pêcheur à la mouche artificielle et à toutes lignes (Le),
par DE MASSAS. 204 pages et 27 gravures.   1 25

Races bovines de France, d'Angleterre, de Suisse, par
DE DAMPIERRE. 240 pages et 15 gravures.   1 25

Sol et engrais, par LEFOUR. 204 pages et 36 gravures. 1 25

BIBLIOTHÈQUE DU JARDINIER,

PUBLIÉE A PARIS
SOUS LA DIRECTION DE MM. DECAISNE ET VILMORIN.

Asperge (*Culture naturelle et artificielle*), par Loisel; 2ᵉ éd.
In-18 de 108 pages et 6 gravures,   1 25

Melon (*Culture sous cloche, sur butte et sur couche*), par
Loisel, 1ʳ édit., in-18 de 112 pag. et 3 grav.   1 25

Chimie et physique horticoles, par Dehérain, in-18 de
120 pages et 11 grav.   1 25

Pépinières, par Carrière, in-18 de 148 pag. et 16 grav. 1 25

BIBLIOTHÈQUE FRANÇAISE DE L'AGRICULTEUR PRATICIEN.

Abeilles (*Guide de l'éleveur d'*), suivi de la Ruche des Jardins,
par Auguste Derbarière. 1 vol. in-18.   » 75

Amendements et prairies. Traité populaire extrait des
œuvres de Jacques Bujault. 1 vol. in-18.   » 60

Bétail en ferme (*Du*). Traité populaire extrait des œuvres de
Jacques Bujault, mis en ordre par N. Basset. 1 vol.   » 60

Betterave (*Traité pratique de la culture et de l'alcoolisation
de la*), — résumé complet des meilleurs travaux faits jusqu'à ce
jour sur la betterave et son alcoolisation; — renfermant toutes
les notions nécessaires au cultivateur et au distillateur, ainsi
que l'examen critique des méthodes de pulpation, de macéra-
tion, de fermentation, et de distillation employés aujourd'hui;
par N. Basset. 1 vol. in-18 de 176 pages.   2 »

Champignons comestibles et vénéneux (*Traité élémentaire des*), par Dupuis, professeur de botanique à Grignon.
1 vol. in-18 avec 16 fig. coloriées.   1 75

Dindons et pintades (*Guide de l'éleveur de*), par Mariot
Didieux, vétérinaire de la garde de Paris, lauréat de la Société
impériale et centrale de médecine vétérinaire. 1 vol. in-18. » 75

Lapins (*Guide de l'éducateur de*) ou traité de la race cuniculine, par MANIOT-DIDIEUX. 1 vol. in-18.   » 75

Pigeons (*Guide de l'éleveur de*), par MANIOT-DIDIEUX. 1 vol. in-18.   » 75

Pisciculteur (*Guide du*), d'après des notes et des documents fournis par J. Rémy, pêcheur de la Bresse, recueillis et publiés par le docteur HAXO, secrétaire perpétuel de la Société d'émulation des Vosges. 1 vol. in-18 avec grav.   1 50

Système Guénon en forme de catéchisme, à l'usage des élèves des Fermes-Écoles, par ANACHARSIS COMBES. 1 vol. in-18. » 30

JOURNAL

D'AGRICULTURE PRATIQUE

DE FRANCE.

Le *Journal d'Agriculture pratique de France* paraît le 5 et le 20 de chaque mois en un cahier format in-8° avec de nombreuses gravures très-soignées. Il forme tous les ans deux beaux volumes de 500 pages chacun.

Outre de nombreux articles ou mémoires sur toutes les questions que peuvent présenter la culture des céréales et des plantes, l'élève du bétail, la fabrication des instruments aratoires, les industries annexées aux exploitations rurales, les irrigations, le drainage, etc., etc., le *Journal d'Agriculture pratique de France* publie régulièrement :

Tous les quinze jours :

1° Une *Chronique agricole*, rédigée par M. BARRAL, rapportant les faits nouveaux qui se sont produits dans le monde agricole et résumant les travaux des comices ;

2° Une *Revue commerciale*, par M. BOURE, contenant la vente mercuriale qui, jusqu'à ce jour, s'occupe des marchés de toutes les parties de la France et de l'étranger.

Tous les mois :

1° Une *Chronique horticole*, par M. Naudin, tenant le lecteur au courant de toutes les nouveautés que présentent l'horticulture et le jardinage ;

2° Un *Calendrier agricole* donnant successivement pour toutes les parties de la France les travaux qui doivent s'exécuter le mois suivant, calendrier dont la rédaction a été acceptée par MM. de Gasparin, Villeroy, Joubair, Moll, Martegoute, Chaétiex (de Roville), Heuzé, etc., etc. ;

3° Une *Revue météorologique agricole* du mois précédent, donnant les observations journalières de la température, de la pluie, du vent, etc., pour vingt points choisis sur toute la surface de la France, et indiquant exactement la situation des récoltes en terre et l'influence exercée par les circonstances météorologiques sur les plantes : c'est le premier travail de ce genre qui ait été tenté sur une échelle aussi vaste ;

4° Une *Revue bibliographique* de toutes les publications agricoles françaises et étrangères, rédigée, suivant leur spécialité, par tous les collaborateurs du recueil.

Tous les deux mois :

1° Une *Chronique séricicole*, où M. Robinet raconte les progrès incessants de l'art du magnanier et de l'industrie de la soie ;

2° Un bulletin contenant la liste des *Brevets d'invention* délivrés pour machines agricoles, engrais, systèmes d'irrigation, etc.

Tous les trois mois :

1° Une *Chronique vétérinaire*, où M. Henri Bouley fait connaître les moyens curatifs imaginés contre les maladies du bétail, les expériences tentées par les médecins vétérinaires pour perfectionner leur art ;

2° Une *Chronique des courses*, due à M. Eugène Gayot, qui s'attache à faire profiter l'agriculture des dépenses considérables faites par l'État pour l'amélioration de la race chevaline ;

3° Une *Chronique forestière*, où M. Delbet présente le résumé des faits qui intéressent les propriétaires de forêts, les maîtres de forges et le commerce de bois et charbons ;

4° Une *Chronique agricole algérienne*, rédigée par M. Jules

Duval, de manière à faire connaître à la France les efforts que fait l'agriculture naissante des possessions africaines ;

5° Une *Revue de législation rurale*, due à M. Victor Lefranc et destinée à tenir les agriculteurs au courant de toutes les décisions judiciaires relatives aux propriétés rurales, aux fermes, aux métairies et aux industries agricoles.

Enfin, chaque fois que l'occasion s'en présente, le journal publie une *partie officielle* contenant toutes les lois, tous les décrets, arrêtés, règlements relatifs aux questions agricoles. M. Payen rédige *tous les ans* un compte rendu détaillé des travaux de la Société centrale d'agriculture. Un article spécial est consacré à toutes les *concours régionaux et généraux* d'animaux de boucherie ou d'animaux reproducteurs. Les grandes expositions industrielles, les concours de la Société d'agriculture d'Angleterre, sont visités par des collaborateurs du journal, qui rendent compte de tous les faits importants qui s'y produisent.

Tous les articles sont signés.

Prix *franco* pour toute la Belgique : un an (de janvier à décembre).										15 »

Par suite d'un arrangement avec l'éditeur de Paris, les abonnés belges reçoivent franco le journal au même prix que les abonnés français. — On peut se procurer les années antérieures.

Journal de la Société centrale d'agriculture de Belgique, contenant l'exposé des comptes rendus des séances et des actes de la Société, les décisions de son conseil administratif, le résumé de la correspondance, l'examen des principes, des découvertes, des faits pratiques, qui dans les divers pays, ont pour objet le progrès de l'agriculture; ce journal paraît chaque mois en un cahier de 32 pages format in-8°, prix : par an :									12 »

Journal des haras, des chasses et des courses de chevaux *en Belgique*, et dans les principaux pays de l'Europe : *Angleterre, France, Allemagne, Hollande, Hongrie*, etc. — Étude, éducation du cheval, du chien, — agriculture spéciale, — annales des haras, des chasses, des courses, — nouvelles des arts et des sciences, anecdotes, chroniques. Abonnement annuel (un numéro chaque mois)				40 »

Revue horticole de France, *Journal d'Horticulture prati-*
que, rédigé par MM. Duchartre, Naudin, Neumann, Pépin,
Vilmorin, etc.; sous la direction de M. Decaisne, membre de
l'Académie des sciences, professeur de culture au Jardin des
Plantes de Paris.

La *Revue horticole*, rédigée en grande partie par les auteurs du *Bon Jardi-*
nier, qui ont voulu en faire le complément de cet ouvrage, contient l'application, pour toutes sortes de plantes et dans toutes les circonstances possibles,
des principes qui sont développés dans cet important traité de culture.

Les plantes d'ornement sont aujourd'hui extrêmement nombreuses, et
tous les jours elles tendent à se multiplier encore : leur distinction, soit gé-
nérique, soit spécifique, fondée sur la connaissance de leurs caractères bota-
niques, forme une partie essentielle de la science du jardinier et de l'amateur
d'horticulture. C'est dans le but de faciliter cette connaissance que cette
Revue décrit avec détail les espèces nouvelles les plus remarquables et qu'elle
donne, pour beaucoup d'entre elles, des figures dessinées avec soin, en même
temps qu'elle fait connaître les procédés de leur culture.

La *Revue horticole* se distingue de presque toutes les autres publications
analogues par la modicité de son prix, qui la met à la portée de toutes les
bourses.

Le journal paraît le 1er et le 16 de chaque mois, en un cahier de 24 pages
in-8°, avec une gravure coloriée et des gravures sur bois. Il contient tout ce
qui paraît d'intéressant en horticulture, comme plantes nouvelles, utiles ou
d'agrément, nouveaux procédés de culture, analyse de journaux et d'ouvrages français et étrangers.

Prix, *franco*, par an (pour la Belgique), janvier à décembre,
avec 24 gravures coloriées (une par numéro).   12 »

PRINCIPAUX OUVRAGES PUBLIÉS SUR L'AGRICULTURE EN BELGIQUE ET EN FRANCE.

Abeilles (*Éducation des*), par P. Joigneaux, auteur du Dictionnaire d'Agriculture. 1 vol. in-18. — Bruxelles.   1 »

Agriculteur commençant (*Manuel de l'*), par Schwerz; traduit par Charles et Félix Villeroy, cultivateurs à Rittershof.
4e édition, in-12 de 332 pages. — Paris.   1 75

Agriculture allemande (*L'*), ses écoles, son organisation, ses
mœurs et ses pratiques les plus récentes ; par Royer, inspecteur général de l'agriculture en France. Grand in-8° de 542 pages. — Paris.   7 50

Agriculture luxembourgeoise (*Exposé général de l'*), ou dissertation sur les meilleurs moyens de fertiliser les landes des Ardennes, sous le triple point de vue de la création de forêts, d'enclos, de rideaux d'arbres, de prairies et de terres arables, ainsi que sous le rapport de l'irrigation, par Henri Le Docte, agronome. 1 vol. in-8°. — Bruxelles. 3 »

Agronomie (*Principes de l'*), par le comte de Gasparin, membre de l'Académie des sciences, de la Société centrale d'agriculture de France, un vol. in-8° de 284 pages. — Paris. — 3 75

« Voilà plus de dix ans que la composition de mon Cours d'Agriculture est commencée. Depuis ce temps, de nombreuses recherches, des expériences importantes, des procédés nouveaux ont modifié en quelques parties la théorie et la pratique de la science. Mes anciens lecteurs doivent sentir comme moi le besoin d'une révision méthodique des principes qui y sont exposés. Le livre que je publie aujourd'hui est le résultat de cette révision. » Gasparin. (Préface de l'ouvrage.)

Animaux (*Statique chimique des*), appliquée spécialement à la question de l'emploi du sel, par Barral, ancien élève et répétiteur de chimie à l'École polytechnique, rédacteur en chef du *Journal d'Agriculture pratique*. In-12 de 552 pages. — Paris. 3 »

Animaux domestiques, par David Low, traduit et annoté par Royer, inspecteur général de l'agriculture en France. L'ouvrage se compose de 13 livraisons grand in-4°, savoir :
Races bovines. 5 livr., 22 planches coloriées et texte. 25 »
Races chevalines. 2 livr., 8 planches color. et texte. 10 »
Races ovines. 5 livr., 21 planches coloriées et texte. 25 »
Races porcines. 1 livr., 5 planches coloriées et texte. 5 »
Prix de l'ouvrage complet. 60 »

Arboriculture (*Manuel d'*). Voyez Bibliothèque rurale, page 4
Arbres fruitiers (*Culture des*). Voy. Bibliothèque rurale, p. 6
Arbres fruitiers; leur culture en Belgique et leur propagation par la graine, ou Pomononie belge, expérimentale et raisonnée; suivi du catalogue des fruits nouveaux créés et cultivés par l'auteur J. B. Van Mons. 1835-36, 2 vol. in-12. — Paris. 9 »

Arpentage et nivellement. Voy. Bibliothèque rurale, p. 5
Bêtes à laines (*Considération sur les*) et Notice sur la race de la Charmoise, par Malingié-Nouel, directeur de la ferme-école de la Charmoise. Gr. in-8°, avec lithog. — Paris. 3 »

Bière (La). —Fabrication.—Composition.—Diverses espèces de bières. —Effet général de la bière dans l'alimentation. —Bières de Bruxelles : lambic, faro, bière de mars, influence des localités sur la nature de la bière;—maladies des ouvriers employés à sa fabrication, etc. (leçons faites au Musée Royal de l'industrie, par le professeur CHARLES PLACE). In-18 avec gravures. —Bruxelles.   » 50

Bon Jardinier (*Le*) **pour 1855**, contenant les principes généraux de la culture, l'indication, mois par mois, des travaux à faire dans les jardins; la description, l'histoire et la culture de toutes les plantes potagères, fourragères, économiques ou employées dans les arts; des céréales; des arbres fruitiers; des oignons et plantes à fleurs; des arbres, arbrisseaux et arbustes utiles ou d'agrément; un vocabulaire des termes de jardinage et de botanique; un jardin des plantes médicinales; un tableau des végétaux groupés d'après la place qu'ils doivent occuper dans les parterres, bosquets, etc., par POITEAU, VILMORIN, DECAISNE, NEUMANN, PÉPIN. In-12 de 1,650 p. avec gravures. —Paris.   7 »

Le Bon Jardinier est disposé de manière à former, si l'on veut, deux volumes, dont le premier contient le JARDIN D'UTILITÉ, et le second, le JARDIN D'AGRÉMENT. —Chaque volume a une table des matières, — Le tome Ier a une table alphabétique; le tome II est classé alphabétiquement.

Bon Jardinier (*Figures pour l'Almanach du*), contenant : 1° principes de botanique; 2° principes de jardinage, manière de marcotter, greffer, disposer et former les arbres fruitiers; 3° construction et chauffage des serres; 4° composition et ornement des jardins; 5° hydroplasie; 6° instruments et outils de jardinage, par DECAISNE, membre de l'Institut, professeur de culture au Jardin des Plantes, et HÉRINCQ. 19e édition, entièrement refaite. In-12 de 424 pages, avec 632 gravures sur bois et planches gravées. —Paris.   7 »

Bovines Durham (*Races*), par LEFEBVRE-SAINTE-MARIE, inspecteur général de l'agriculture en France. Publié par ordre du ministre. Gr. in-8° de 352 pages et atlas in-folio de 13 planches. — Paris.   12 50

Bulletin du conseil supérieur d'agriculture de Belgique, publié annuellement depuis 1850 par le Département de l'Intérieur. — Bruxelles. — Chaque année.   10 »

Calendrier du bon cultivateur (Le) *ou Manuel de l'agriculteur praticien*, par C. J. A. MARAUD DE DOMMASCH, In-12, avec gravures. — Paris.   4 75

Camellia (*Monographie du genre*), par l'abbé BERLÈSE. 3ᵉ édition, revue, corrigée et augmentée d'une nouvelle classification et de 180 descriptions de variétés nouvelles inédites. In-8° de 340 pag. avec 7 planches. — Paris.   5 »

Champignons (*Traité de la culture des*), par VICTOR PAQUET. In-12 de 280 pages, avec 9 gravures. — Paris.   3 50

Champs et prés (*De la Culture des*), par P. JOIGNEAUX, auteur du *Dictionnaire d'Agriculture*. 1 vol. in-18 de 170 p. — Bruxelles.   1 »

Chaux (*Emploi de la*). Voyez Bibliothèque rurale, page 5.

Chimie et physiologie végétales (*Mémoire sur la*) *et sur l'agriculture*, par H. LE DOCTE, agronome cultivateur, *en réponse à la question suivante proposée par l'Académie royale de Belgique* :

> « Exposer et discuter les travaux et les nouvelles vues des physiolo-
> « gistes et des chimistes sur les engrais et sur leur faculté d'assimilation
> « dans les végétaux ; indiquer, en même temps, ce que l'on pourrait faire
> « pour augmenter la richesse de nos produits agricoles. — L'Académie de-
> « mande que le travail soit appuyé d'expériences. »
>
> (Cet ouvrage a obtenu la médaille de vermeil au concours de 1842.)

1 vol. in-8° de 300 pages. — Bruxelles.   5 »

Chimie agricole (*Manuel de*). Voy. Bibliothèque rurale, p. 5

Comptabilité agricole. Voyez Bibliothèque rurale, page 4

Conseils aux agriculteurs sur l'art d'exploiter le sol avec profit, *et au Gouvernement* sur les moyens de relever l'agriculture, par DEZEIMERIS. 3ᵉ édition. In-12 de 654 pages. — Paris.   3 50

Conservation et assainissement des Étangs, par M. DE SAINT-VENANT. In-8° avec fig. — Paris. 1856.   1 »

Constructions rurales (*Manuel des*). Voy. Bibl. rur. page 5

Cours d'agriculture, par le comte DE GASPARIN, ancien pair de France, ancien ministre de l'intérieur et de l'agriculture, membre de l'Académie des sciences, de la Société centrale d'agriculture, etc. 5 forts vol. in-8° et pl. — Paris.   37 50

Cours d'eau (Modifications à apporter à la législation des) *non navigables ni flottables, considérée dans ses rapports avec les intérêts de l'agriculture, de l'industrie et de la salubrité publique*, par VICTOR VANDEN BROECK, 1 vol. in-8° de 282 p. — Bruxelles.   2 »

(Ouvrage publié par ordre du Gouvernement.)

Cours d'économie rurale, professé à l'Institut agricole de Hohenheim, par M. GOBRITZ ; traduit sur manuscrit allemand, par Jules Rieffel, directeur de la ferme régionale de Grand-Jouan. (*Dernière édition.*) 2 vol. in-18 de 250 et de 305 pages avec planches explicatives. — Bruxelles.   4 »

L'auteur s'est attaché à traiter les points suivants :

Connaissance des circonstances générales, naturelles, commerciales et pratiques ; influence de ces circonstances sur l'ensemble d'une exploitation agricole. — Étendue et constitution du domaine. — Organisation et système d'exploitation ; appréciation de cette organisation ; causes d'accroissement et d'affaiblissement. — Travaux et forces nécessaires à l'entrepreneur ; organisation de son personnel. — Économie du bétail, choix des bestiaux ; nombre, composition des troupeaux ; valeurs. — Capitaux nécessaires, leur emploi. L'entrepreneur, propriétaire, fermier ou régisseur.

Cours complet d'agriculture, d'économie rurale et de médecine vétérinaire, par nos premiers professeurs économistes, agriculteurs, médecins vétérinaires, etc., avec environ 4000 sujets gravés sur acier, 4° éd. 19 v. in-8°.   100 »

Culture (*Manuel de*). Voyez Bibliothèque rurale, page 3.

Culture maraîchère. Voyez Bibliothèque rurale, page 3.

Culture (*Nouveau système de*), spécialement composé pour la Belgique, applicable aux pays pauvres comme aux pays riches, par MAX. LE DOCTE, agronome-cultivateur, secrétaire de la Société centrale d'agriculture, in-8° de 500 pages avec planches.

(Cet ouvrage a valu à l'auteur la grande médaille d'or que le roi accorde aux œuvres les plus utiles.)   5 »

Dahlias (*Manuel du cultivateur de*), par LEGRAND. 2° édition, revue et corrigée par PAGEX, chef des cultures au Jardin des Plantes de Paris. In-12 de 156 p. et 36 grav. — Paris.   1 75

Distillation des betteraves, *considérée comme industrie annexe des fermes et des sucreries*, par A. PAYEN, membre de l'Institut, secrétaire de la Société centrale d'agriculture de France, professeur au Conservatoire impérial des Arts et Métiers. Deuxième édition augmentée de la distillation des mélasses. Un vol. in-8° de 150 pages avec planches gravées sur acier. — Paris.   4 »

Drainage (*Manuel de*). Voyez Bibliothèque rurale, page 5.

Drainage (*Traité complet de*). Voyez Biblioth. rurale, page 6.

Défrichement (*Observations pratiques sur le*). *Recherches sur la véritable cause de l'abandon de tant de milliers d'hectares de terre en friche, situés au milieu des peuples les plus civilisés de l'Europe*, par le comte WALÉRY DE ROTHKIRCH, membre de la commission provinciale d'agriculture de Liége, de la Société d'agriculture de l'Est de la Belgique, du conseil administratif de la Société centrale d'agriculture de Belgique, et membre suppléant au conseil supérieur d'agriculture. 1 vol. in-8° de 70 pages, imprimé avec luxe. — Bruxelles.   3 »

Eaux en agriculture (*Emploi des*), par M. A. PUVIS, ancien député, membre correspondant de l'Institut, etc. 1 vol. in-8° de 560 pages. — Paris.   5 »

Éléments d'agriculture *considérée dans ses rapports avec les sciences naturelles*, par VICTOR VANDEN BROECK, docteur en médecine, professeur de chimie et de métallurgie à l'École des mines du Hainaut, membre de l'Académie royale de médecine, membre du Conseil administratif de la Société centrale d'agriculture, etc., etc. 1 vol. in-18 de 352 pages. — Bruxelles.   2 25

Engrais artificiels (*Des*), par JUSTUS LIEBIG, professeur à l'Université de Giessen, etc., traduit de l'allemand ; in-8°. — Bruxelles.   » 75

Engrais et amendements. Voy. Bibl. rur., pag. 5 et 6.

Essai sur l'économie rurale de l'Angleterre, de l'Écosse et de l'Irlande; par M. LÉONCE DE LAVERGNE. — 2ᵉ édition. 1 vol. in-18 de 500 pages. — Paris   3 50

Essai sur l'engraissement des bœufs, vaches, moutons et veaux; manière de les nourrir, acheter et vendre; et moyens sûrs et faciles d'apprécier leur poids et leur qualité; par DANZEL-D'AUMONT. 1852, in-8°. — Amiens.   1 »

Flore des jardins et des champs, accompagnée des clefs analytiques conduisant promptement à la détermination des familles et des genres, et d'un vocabulaire des termes techniques, par EMMANUEL LEMAOUX, médecin, membre de la Société philomatique, et J. De Caisne, membre de l'Académie des sciences, professeur de culture au Muséum. 2 gros vol. in-18.   9 »

Forestier (*Manuel*). Voyez Bibliothèque rurale, page 5.

Forêts (*Traité de la culture des*), avec des recherches sur la valeur progressive des biens-fonds et des bois, depuis le XIIIe siècle jusqu'à nos jours; ouvrage contenant un essai descriptif des forêts de l'Europe et des autres pays, un traité de la croissance des arbres, des diverses méthodes d'aménagement, etc.; par M. NOIROT. 2e édit., in-8°. — Paris. 7 50

Fumiers (*Des*) considérés comme engrais, par GIRARDIN. 3me édition, 1847, in-16, avec 14 fig. — Paris.   1 25

Graminées céréales et fourragères (*Traité des*). Voyez Bibliothèque rurale, page 6.

Guide des cultivateurs (*Le Véritable*), ou Vie agricole de Jacques Gouyer, dit le Paysan philosophe, avec des notes, par DEZEIMERIS. 2e édition, in-12 de 218 pages. — Paris.   1 75

Guide du cultivateur améliorateur, par E. LECOUTEUX, directeur des cultures de l'ex-Institut agronomique de Versailles, ancien élève et répétiteur de Grignon, etc. 1 vol. in-8° de 350 pages. — Paris.   4 »

Horticulture (*Théorie de l'*). Essais descriptifs, selon les principes de la physiologie, des principales opérations horticoles, par JOHN LINDLEY, traduit de l'anglais par LEMAIRE. Grand in-8° de 450 pages et 37 gravures. — Paris.   7 50

Hygiène (*Manuel d'*). Voyez Bibliothèque rurale, page 4.

Il faut semer clair! *ou moyen de remédier à la disette des céréales*, traduit librement de l'anglais de DAVIS, avec des annotations, par de Thier-Neuville, secrétaire de la section verviétoise de la Société agricole de l'Est, membre de la commission provinc. d'agriculture de Liége. In-18. — Brux. » 30

Instruments d'agriculture (*Traité des*). V. Bibl. rur. p. 5
Irrigation (*Manuel d'*). Voyez Bibliothèque rurale, page 4.
Irrigateur (*Manuel de l'*), par VILLEROY, et ADAM MULLER.
    1 vol. in-8° de 480 pages. — Paris.   5 »
Jardinage (*Manuel pratique de*), par COURTOIS-GÉRARD. 4° édi-
    tion 400 pag. in-42 avec 37 gravures. — Paris.   3 50
Jardinier des fenêtres *des appartements et des petits jar-
    dins (Le)*. 3° édition, entièrement refaite, par Mme COXA MILLET-
    ROBINET. In-12 de 236 pages avec 52 grav. — Paris.   1 75
Lin (*Culture du*). Voyez Bibliothèque rurale, page 6.
Maison rustique du xix° siècle, *l'ouvrage le plus complet
    sur l'agriculture*, contenant les meilleures méthodes de cul-
    ture usitées en France et à l'étranger ; tous les procédés
    pratiques propres à guider le cultivateur, le fermier, le régis-
    seur et le propriétaire, dans l'exploitation d'un domaine rural ;
    les principes généraux d'agriculture, la culture de toutes les
    plantes utiles ; l'éducation des animaux domestiques, l'art
    vétérinaire ; la description de tous les arts agricoles ; les
    instruments et bâtiments ruraux ; l'entretien et l'exploitation
    des vignes, des arbres fruitiers, des bois et forêts, des étangs ;
    l'économie, l'organisation et la direction d'une administration
    rurale ; la législation appliquée à l'agriculture ; tout ce qui a
    rapport au potager, au parterre, aux serres et aux jardins
    paysagers ; enfin l'indication des travaux de chaque mois
    pour toutes les cultures spéciales. 5 vol. in-4°, équivalant à
    35 vol. in-8° ordinaires, avec plus de 2,500 gravures, repré-
    sentant tous les instruments, machines, appareils, races
    d'animaux, arbres, arbustes et plantes, serres, bâtiments ru-
    raux, etc., publiée sous la direction de MM. BAILLY, BIXIO et
    MALPEYRE, avec le concours de toutes les sommités agrono-
    miques de France.

Division de l'ouvrage.

Tome I. — Agriculture proprement dite.
Tome II. — Cultures industrielles et animaux domestiques.
Tome III. — Arts agricoles.
Tome IV. — Agriculture forestière, étangs, administration et
                légistation rurale.
Tome V. — Horticulture, travaux du mois pour chaque culture
                spéciale.

Les cinq volumes (ouvrage complet).   52 50
Chaque volume pris séparément.   9 »

La Maison rustique du xixe siècle est un ouvrage indispensable à toutes les personnes qui s'occupent d'agriculture ; les renseignements y abondent en toutes matières : c'est une Bibliothèque complète à l'usage du cultivateur, et une Bibliothèque composée par tous hommes spéciaux.

Maison rustique des Dames, par Mme MILLET-ROBINET. 2e édition, 2 vol. in-12 avec 120 gravures. — Paris.   7 »

Cet ouvrage est divisé en quatre parties, contenant : — la première, la Tenue du Ménage ; — la seconde, le Manuel de cuisine ; — la troisième, le Traité de jardinage et la Direction de la ferme ; — la quatrième, l'Hygiène et la Médecine domestique.

Maréchal ferrant (*Manuel du*). Voy. Bibliothèque rurale, p. 4

Médecin des Campagnes (*Le*), indiquant les *caractères distinctifs des maladies, le traitement familier des affections légères, les soins à donner avant l'arrivée du médecin, dans les affections graves, les remèdes qu'il importe d'avoir chez soi ;* par le docteur CHARLES MORREN, *collaborateur du Dictionnaire d'Agriculture.* 1 vol. in-18 de 36 pages.   2 »

Mûrier et vers à soie. Voyez Bibliothèque rurale, page 6.

Oiseaux de basse-cour. Voyez Bibliothèque rurale, page 6.

Orchidées (*Culture des*), avec une liste descriptive d'environ 350 espèces et variétés classées par ordre de mérite, par Ch. MORREN, vice-président de la Société impériale d'horticulture. In-8o de 200 pages. — Paris.   5 »

Pélargoniums (*Traité complet de la culture des*), des **Calcéolaires,** des **Verveines** et des **Cinéraires,** genres dont les espèces peuvent aisément se cultiver dans la même serre, par CHARVIÈRE et LEMAIRE. In-12 de 150 pages.—Paris. 2 50

Pépinières royales de Vilvorde (*lez-Bruxelles*). (Catalogue pour l'année 1855.) In-8o. — Bruxelles.   1 »

Pin maritime (*Du*), sa culture dans les dunes, pratique du résinage et de l'industrie des résines, suivis d'une Notice sur la culture des dunes du cap Breton, et de la Flore des marais des Landes, par BOITEL, professeur à l'Institut de Versailles, 1848, in-8o, fig. — Paris.   2 »

Plantes, arbres et arbustes (*Manuel général des*), contenant la description de la culture des 25,000 plantes indigènes d'Europe ou cultivées dans les serres, par Ducharire, Herincq et

Jacques, ex-jardinier en chef du domaine de Neuilly. Les tomes I, II et III sont en vente, le IVe et dernier est sous presse. Prix de chaque volume, format petit in-8e à 2 col. — Paris. 10 »

Plantes bulbeuses (*Essai sur la culture générale des*), vulgairement appelées *Oignons à fleurs*, ou Revue des végétaux compris dans les familles des *Iridées*, des *Amaryllidées*, des *Liliacées*, et de quelques familles voisines; par LEMAIRE. In-12 de 392 pages. — Paris.   3 50

Plantes oléagineuses (*Culture des*). Voy. Bibl. rur. pag. 5

Plantes racines (*Culture des*). Voy. Bibliothèque rurale, p. 6

Plantoir mécanique (*Culture au*) **et au rayonneur sarcloir.** *Exposé du système, avantages, résultats*, avec une instruction pratique sur l'emploi des instruments, par H. Le Docte, directeur de l'École d'agriculture de Thourout, membre du conseil administratif de la Société centrale d'agriculture. In-8e avec gravures. — Bruxelles.   1 »

Pomone française (*La*). *Traité de la culture et de la taille des Arbres fruitiers*, suivi d'un *Traité de Physiologie végétale*, par le comte Le Lieur. 3e édition. In-8e de 392 pages et 15 planches gravées. — Paris.   7 50

Pommes de terre (*Maladie des*), par Decaisne, membre de l'Académie des sciences, professeur de culture au Jardin des Plantes. In-8e de 136. — Paris.   » 75

Préceptes d'agriculture pratique de Schwerz, directeur de l'Institution royale d'expériences et d'instruction agricoles de Hohenheim, trad. de l'allemand par P. R. de Schauenburg, député, cultivateur à Gendertheim. Les 4 parties ou volumes in-8e. — Paris.   19 »

1re Partie. — CONNAISSANCES DES TERRES en agriculture, de la température et de ses effets, des amendements, des engrais, préparation des fumiers, leur valeur comparative et leur application. 1838.   5 »

2e Partie. — Culture des PLANTES A GRAINS FARINEUX ou Céréales et Plantes à cosses, assolements, labours, quantité de semence, récolte et son rendement; de la paille, son rapport avec le grain, ses propriétés comme fourrage pour la nourriture des animaux. 1840.   5 »

3e Partie. — Culture des PLANTES FOURRAGÈRES, leur récolte, leur conservation et leurs différents emplois économiques dans l'alimentation des chevaux et du bétail. 1844.   5 »

4e Partie. — Culture des PLANTES ÉCONOMIQUES, OLÉAGINEUSES, TEXTILES ET TINCTORIALES, trad. par M. Lecouturier. 1847, 1 vol. in-8e. fig.   4 50

Sel en agriculture et en horticulture (*Emploi du*),
avec des conseils fondés sur l'expérience, par CUTHBERT WIL-
LIAM JOHNSON. Troisième édition. — Bruxelles.   . 50

Semailles à la volée (*Pratique des*), par PICOT, directeur
de l'École régionale de la Saulsaie. 2ᵉ édition, in-8ᵒ de 112 pages
et 15 gravures. Paris.   2 »

Taille des arbres fruitiers (*Traité théorique et pratique
de la*), par L. DE BAVAY, propriétaire des pépinières royales de Vilvorde, directeur des Écoles centrales d'horticulture
et de la taille; président du Comice agricole du Brabant;
membre de la Commission provinciale d'agriculture, etc., etc.
1 vol. in-8ᵒ de 185 pages et 10 planches, comprenant 100 fig.
— Bruxelles.   3 50

Terrains agricoles (*De la connaissance des*), considérés
au point de vue de leur nature et de leur valeur, par le comte
DE GASPARIN, ancien ministre de l'agriculture de France, etc.
1 vol. in-18 de 400 pages. — Bruxelles.   2 »
    Édition précédée du tableau officiel pour l'évaluation des immeubles
    dans toutes les communes de Belgique.

Vaches laitières (*Choix des*). Voy. Bibliothèque rurale, p. 4

Vigne (*Culture de la*) *et Fabrication des vins.* V. Bibl. rur., p. 5

Voyage agricole en Belgique, et dans plusieurs départements de la France, par M. CONRAD DE GOURCY. — Paris.
1849, 1 vol. in-8ᵒ.   3 50

Voyage agricole en Belgique, en Hollande et dans
plusieurs départements de la France (*Second*), par M. CONRAD
DE GOURCY. — Paris 1850, in-8ᵒ.   4 50

**Voyage agricole en France, en Allemagne, en Hon-
grie, en Bohême et en Belgique**, par le comte CONRAD
DE GOURCY. (*Extrait du Journal d'Agriculture pratique.*)
1 vol. in-18 de 428 pag. — Paris, 1855.   3 50

Zootechnie. — Traité des maniements *des épreuves, et
des moyens de contention et de gouverne qu'on emploie sur
les espèces domestiques chevaline, bovine, ovine et porcine,
suivi de la coupe des animaux de boucherie en France et en
Angleterre*, par le docteur BARBONNET DES MARTELS, cultivateur. 1 vol. de 464 pag. et 67 grav. — Paris, 1855.   4 50

BRUXELLES. — TYPOGRAPHIE DE C. VANDERAUWERA,
Rue de Schaerbeek, 12

BIBLIOTHÈQUE INDUSTRIELLE,

Instituée par le Gouvernement belge (1).

Collection de Manuels à l'usage des fabricants et des artisans.

Manuel de géométrie pratique, comprenant le tracé des figures régulières et la mesure des surfaces et volumes. In-18 de 199 pages et 110 grav. » 50

Ce livre s'adresse spécialement aux personnes qui n'ont pas eu le loisir de se livrer à l'étude théorique de la géométrie ; le lecteur y trouvera clairement et méthodiquement coordonnés les principes, les définitions et les méthodes graphiques pour la construction des figures régulières les plus usuelles, et l'exposé des opérations successives dont les formules sont les indications sommaires ; en un mot, tout ce qu'il est nécessaire de connaître lorsque l'on s'occupe de constructions ou d'entreprises industrielles quelconques.

Principes de physique générale (traduit de l'anglais). In-18 de 207 pages. » 70

Cet ouvrage est destiné à initier les industriels aux grands phénomènes de la nature, aux lois qui régissent l'organisation de tous les êtres et aux principes qui servent de base à tous les travaux de l'industrie et des arts. Il est traduit d'un travail anglais du plus haut mérite sous le rapport de la clarté et de la précision.

Manuel de construction. In-18 de 84 pag. et 47 grav. » 25

Ce petit volume renferme les principes les plus essentiels de la statique et quelques applications aux principales branches de la construction. Il ne s'adresse pas seulement aux jeunes gens qui font des études régulières, mais aussi à cette classe d'adultes et même d'hommes faits qui, n'ayant pas eu l'occasion de s'instruire dans la jeunesse, sentent aujourd'hui l'utilité des notions scientifiques.

---

(1) Cette Bibliothèque étant publiée en français et en flamand, on est prié d'indiquer dans ses demandes l'édition que l'on désire recevoir.

Manuel du Tisserand, par Michel Alcan, ingénieur civil, professeur à l'École centrale des arts et manufactures de Paris. In-18 de 72 pages et 17 gravures.   » 25

> Le petit traité de M. Alcan joint à une clarté rare le mérite d'une grande exactitude. L'auteur fait précéder le tissage de quelques explications sur la filature ; elles suffiront pour la connaissance des principes généraux et une appréciation plus précise des opérations qui précèdent le tissage proprement dit. L'auteur, en évitant les développements théoriques, a mis son livre à la portée de toutes les intelligences et a rendu ainsi un grand service à la classe ouvrière.

De la Connaissance des métaux, ou le fer, le plomb, l'étain, le zinc et leurs principaux alliages, considérés dans leurs rapports avec l'industrie belge. In-18 de 100 pages et 11 gravures.   » 40

Manuel de Chimie appliquée, par J. Girardin, professeur de chimie à l'École d'agriculture de Rouen, membre correspondant de l'Institut de France.   » 45

> L'auteur traite spécialement dans cet ouvrage les industries chimiques proprement dites, c'est-à-dire toutes les opérations pratiquées dans les fabriques pour obtenir les produits nécessaires à nos divers besoins journaliers.

De la Charpente, comprenant les assemblages, les poutres armées, les pans de bois, les planchers, les escaliers, les cintres, les ponts, les échafaudages, etc., etc. In-18 de 138 pages et 64 gravures.   » 45

De la Connaissance des bois employés dans les arts et dans l'industrie, comprenant leurs qualités, leur exploitation et leur conservation. In-18 de 104 pages et 11 grav.   » 40

Manuel du Serrurier. In-18 de 104 pages et 34 grav.   » 45

Cours d'Arithmétique élémentaire, par M. Guillery, professeur à l'Université de Bruxelles. In-18 de 80 pages.   » 30

Éléments théoriques et pratiques du dessin linéaire, par Toussaint, géomètre-ingénieur, attaché au Ministère de l'Intérieur. — In-18, avec 194 grav.   1   »

MUSÉE POPULAIRE DE BELGIQUE.

Institué par le Gouvernement belge.

Collection de gravures et images coloriées reproduisant les grands hommes de la Belgique, les faits les plus intéressants de l'histoire, les costumes anciens et modernes, les monuments, les arts et métiers, etc.

PUBLIÉES AVEC LÉGENDES EN FRANÇAIS ET EN FLAMAND.

Format in-folio, papier vélin satiné.

CHAQUE PLANCHE SE VEND SÉPARÉMENT (1)

Compositions achevées.

PREMIÈRE LIVRAISON.

Centimes.

1 Portrait de Rubens. 20
2 Distribution des drapeaux aux gardes civiques. 20
3 Monuments de différents styles. 10
4 Costumes militaires, régiment d'élite (colorié). 15
5 Le Serrurier. 10
6 Le Menuisier. 10

DEUXIÈME LIVRAISON.

7 Portraits des peintres belges (colorié). 20
8 Bénédiction des drapeaux devant Jérusalem. 20
9 Monuments de style romano-byzantin. 10
10 Vues pittoresques de la Lesse (colorié). 20
11 Le Forgeron. 10
12 Costumes militaires, régiment des guides (colorié). 15

TROISIÈME LIVRAISON.

13 Monuments de style gothique. 10
14 Costumes militaires, garde civique (colorié). 15
15 Grottes de Belgique (colorié). 15
16 Portraits de peintres belges (colorié). 20
17 Marine, navires (colorié). 15
18 Marine, pêche (colorié). 15

QUATRIÈME LIVRAISON.

19 Portrait de la reine des belges, en noir. 10
20 — (colorié). 20

[CINQUIÈME ... droite]

21 Costumes contemporains belges (colorié). 20
22 Le Houilleur. 10
23 Marine, pêche de la morue. 15
24 Costumes militaires, chasseurs à pied (colorié). 15
25 Calendrier illustré. 15

CINQUIÈME LIVRAISON.

26 Portrait du roi des Belges, en noir. 10
27 — (colorié). 20
28 Le Boulanger. 10
29 La Laiterie. 15
30 Monuments de style byzantin. 10
31 Ecce Homo. 20
32 Châteaux anciens. 10

SIXIÈME LIVRAISON.

33 Portrait de Charles-Quint. 20
34 Portrait de Grétry. 20
35 Costumes populaires du xvie siècle (colorié). 20
36 Costumes militaires, artillerie (colorié). 15
37 Ruines de l'abbaye de Villers. 20
38 Légende de Saint-Hubert. 20

SEPTIÈME LIVRAISON.

39 La Vierge et l'enfant Jésus. 20
40 Costumes populaires du xve siècle (colorié). 20
41 Bons mots et facéties de Charles-Quint. 20
42 Portraits de musiciens belges (colorié). 25
43 Ruines de l'abbaye de Saint-Bavon, à Gand. 20
44 Costumes belges contemporains (colorié). 20

(1) Pour les demandes, il suffit d'indiquer les numéros.

HUITIÈME LIVRAISON

45 Portrait de Philippe le Bon.
46 Vues du vieux Bruxelles, en noir.
47 — (colorié).
48 Uniformes des cavaliers des Pays-Bas pendant les guerres contre l'Espagne (colorié).
49 Le Tisserand.
50 Petite ferme et cottages modèles.
51 Bateaux de canaux et rivières (colorié).

NEUVIÈME LIVRAISON

52 Portraits de peintres belges.
53 Uniformes de l'infanterie des Pays-Bas pendant les guerres contre l'Espagne.
54 Le Christ en croix (d'après [illegible]).
55 La Laiterie.
56 Tableau de [illegible], au noir et en couleur.

DIXIÈME LIVRAISON

57 Les différentes races de chevaux du pays.
58 L'Industrie des neuf provinces.
59 Les Gantois et les Liégeois fraternisant (1773).
60 Le Brasseur.

61 Les Ruines de l'abbaye de Cambron.
62 Le Portrait du Roi et du duc de Brabant (médaillon).
63 Les Deux Sœurs.

ONZIÈME LIVRAISON

(Sous presse.)

BIBLIOTHÈQUE DES ÉCOLES.

Format identique grand in-18.

Lectures graduées, à l'usage des écoles primaires, par M. Dupont; 19ᵉ édition (approuvée par la Commission centrale de l'instruct. primaire). 1ʳᵉ et 2ᵉ parties.   60

Grammaire française, par M. Marchand, professeur à l'Athénée de Bruxelles, revue par M. Baron, professeur à l'Université de Liége. 1 vol. cart.   1 »

Éléments d'arithmétique, par M. Marchand, professeur à l'Athénée de Bruxelles. 9ᵉ édit., 1 vol.   70

Cours d'arithmétique élémentaire, par M. Guiette, professeur à l'Athénée de Bruxelles. 1 vol.   50

Exercices d'arithmétique (problèmes) pour les écoles primaires, par Th. Derive, instituteur. (Approuvé par la Commission centrale de l'instruction primaire.)   30

Opérations d'arithmétique sur un plan nouveau, par Th. Derive, instituteur. 1 vol.   20

Éléments de géographie, par M. Marchand, professeur à
l'Athénée de Bruxelles. 1 vol.   1 25

Géométrie pratique, par M. Kindt, professeur à l'Athénée
de Bruxelles. 1 vol. avec 110 pl. grav.   » 50

Principes de physique générale, trad. de l'anglais. 1 vol.
avec 36 grav.   » 70

Manuel de chimie appliquée, par M. Girardin, professeur, membre de l'Institut de France. 1 vol. avec 37 grav. » 45

Manuel pratique d'hygiène publique et privée, à
l'usage des écoles, par M. Sovet, médecin de la Maison du
Roi. 1 vol. de 250 pages avec gravures.   » 75

**Notions pratiques des sciences naturelles appliquées
aux usages de la vie**, par Mme Gatti de Gamond, inspec-
trice des écoles primaires de filles. 1 vol.   1 25

La Bible de l'enfance, ou *Histoire abrégée de l'Ancien et du
Nouveau Testament*, racontée aux enfants, par M. Martin de
Nabalier, curé de St.-Louis. (Approuvé par la Commission
centrale de l'instruction primaire.) 1 vol. cart.   » 45

Récits historiques belges, *lectures à l'usage de la jeunesse*, par Ad. Siret, membre correspondant de l'Académie. (Ouvrage récompensé par le Roi et encouragé par le
Gouvernement.) Un beau vol. de 520 pag. avec couverture
glacée.   2 50

Les Gloires populaires, *nouvelles historiques destinées à
la jeunesse*, par Ad. Siret. Un joli volume in-18 avec couverture glacée.   1 »

  Ce livre comprend les biographies dramatiques de Godefroid de Bouil-
  lon, André Vésale, P. P. Rubens, le chanoine Triest, Louise-Marie
  d'Orléans, reine des Belges. Chaque biographie est accompagnée d'une
  jolie gravure. L'ouvrage est terminé par le poème sur la mort de la reine
  pour lequel M. Siret a été couronné par l'Académie.

Éléments théoriques et pratiques de dessin linéaire,
par Toussaint, géomètre-ingénieur, attaché au Département de
l'intérieur. Un vol. avec 194 gravures.   1 »

DICTIONNAIRE GÉNÉRAL

DES

DISTANCES LÉGALES

ENTRE

TOUTES LES COMMUNES DE BELGIQUE,

publié par M. TARLIER;

RENDU OFFICIEL ET OBLIGATOIRE PAR ARRÊTÉ ROYAL DU 29 JUIN 1833.

L'ouvrage est divisé en deux parties :

La première partie fait connaître, pour chaque commune :

1° sa distance au chef-lieu du canton judiciaire ;
2°　　　•　　　au chef-lieu des 26 arrondissements judiciaires ;
3°　　　•　　　au chef-lieu des 9 provinces ;
4°　　　•　　　au chef-lieu des 3 cours d'appel.

La seconde partie fait connaître, pour chaque commune :

1° Sa distance à toutes les communes limitrophes ;
2° La distance, pour chaque commune chef-lieu de canton judiciaire, aux chefs-lieux de tous les cantons limitrophes.

2 vol. gr. in-8°.

(Accompagné d'une carte très-détaillée de la Belgique.)

Prix : 15 francs.

Annuaire de l'instruction publique de Belgique, contenant le personnel du corps enseignant dans ses divers degrés, et la législation sur chaque branche d'enseignement.
1 vol. grand in-8°.   4 50

Dictionnaire universel du commerce, de la banque, des manufactures et des marchandises, contenant l'état actuel du commerce et de l'industrie de toutes les nations commerçantes et des principales villes de commerce dans toutes les parties du monde; les importations, les exportations, les produits naturels et industriels de chaque pays, les qualités des marchandises, les fraudes qui se commettent dans leur vente; le tout d'après les documents authentiques et officiels; par Ardoin, Blanqui aîné, Jules Burat, Bessard, Cerin-Gardaine, le baron Charles Dupin, Foucquerox, L. Galibert, H. Guillemot, Jacques Laffitte, Parisot, Horace Say, et beaucoup d'autres négociants, manufacturiers, économistes et banquiers. 2ᵉ édition, augmentée de tout ce que Mac-Culloch offre de plus instructif sur le commerce et la navigation. 2 forts volumes; prix, au lieu de 25 francs :   20 »

∞

ALMANACH ROYAL OFFICIEL

DE BELGIQUE,

PUBLIÉ

chaque année depuis 1840 en exécution d'un arrêté du roi,
et avec le concours du gouvernement,

PAR H. TARLIER.

Un fort volume grand in-8°, prix : 10 francs.

Pour paraître prochainement

ALMANACH
DE
COMMERCE ET DE L'INDUSTRIE
DE BELGIQUE,

publié

avec le concours du gouvernement et de toutes les administrations

communales,

PAR H. TARLIER,

Rédacteur de l'ALMANACH ROYAL OFFICIEL.

3me édition, année 1856.

QUI CONTIENDRA PLUS DE 100,000 ADRESSES

de tous les

PRINCIPAUX COMMERÇANTS DU ROYAUME.

COMPRENDRA :

Le tarif le plus récent des douanes de Belgique, de France, d'Allemagne, de Hollande, d'Angleterre, etc., etc. ; le tarif des chemins de fer et télégraphes ; les taxes d'affranchissements de lettres pour la Belgique et tous les pays étrangers ; sera accompagné de la liste complète, et recueillie d'après un recensement tout nouveau, des habitants de Bruxelles et des faubourgs classés : 1° par ordre alphabétique de NOMS *et* PRÉNOMS ; *2° par ordre alphabétique de* PROFESSIONS ; *3° par ordre alphabétique de* RUES ET NUMÉROS DE MAISONS *(ce dernier classement n'a jamais été publié ; et sera terminé par une table des industries, indiquant en regard de chacune les communes du royaume où elles sont exercées.*

Cette édition formera un volume grand in-8°

d'environ 1,000 pages.

Prix : 10 francs.

OUVRAGES DIVERS.

Liste alphabétique des communes de la Belgique, conforme à l'orthographe officielle, indiquant les 25 circonscriptions territoriales auxquelles ressortit chaque commune ; publiée par H. TARLIER. (Ouvrage adopté par les administrations publiques.) 1 volume grand in-8°.   5

Code constitutionnel de la Belgique, comprenant la CONSTITUTION, les LOIS ÉLECTORALES, la LOI PROVINCIALE et la LOI COMMUNALE, expliquées par leurs motifs, par des exemples et par les décisions administratives et judiciaires, avec la solution, sous chaque article, des difficultés et des principales questions que présente le texte. 1 beau vol. in-8° de plus de 400 pages.   5

Code administratif et financier de la Belgique, contenant les lois et règlements : 1° SUR LA COMPTABILITÉ ; 2° SUR LES PENSIONS CIVILES, ECCLÉSIASTIQUES ET MILITAIRES ; 3° SUR L'ORGANISATION DES DÉPARTEMENTS MINISTÉRIELS ET DES DIVERS SERVICES ADMINISTRATIFS ET JUDICIAIRES. 3° édition (1854), complète jusqu'à ce jour. 1 volume grand in-8°.   3

Commentaire sur la police d'assurance maritime d'Anvers, précédé d'un exposé des principes généraux, du contrat d'assurance maritime, par E. G. HACHE avocat, et FL. CRUYSMANS, courtier d'assurance à Anvers. Un vol. in-8°.   5

Manuel de statistique universelle, précédé d'une introduction théorique sur cette science, par M. HEUSCHLING directeur au Ministère de l'Intérieur ; présentant la description de tous les pays, etc., etc. 1 volume in-8°, papier vélin, de 550 pages.   7

Tarif général des douanes de Belgique, des Pays-Bas, d'Angleterre et d'Allemagne, publié par H. TARLIER. 1 vol. gr. in-8°.   4

Histoire politique du règne de l'empereur Charles-Quint, avec un résumé des événements précurseurs depuis le mariage de Maximilien d'Autriche et de Marie de Bourgogne, par le chevalier MARCHAL, conservateur des manuscrits de la Bibliothèque royale (ancienne Bibliothèque de Bourgogne), membre de l'Académie royale de Belgique, etc., etc., et E. MARCHAL fils, attaché au secrétariat de l'Académie; un beau volume grand in-8°, papier vélin (orné du portrait de Charles-Quint). 8 livraisons à   1 50

Abrégé de géographie, rédigé sur un nouveau plan, par ADRIEN BALBI; ouvrage approuvé par l'Université de France. 3e édition, revue et considérablement augmentée par l'auteur. 1 vol. in-8° de plus de 1,000 pages à 2 colonnes. Au lieu de 13 fr. prix :   10 »

Nouveau système du monde, *ou les premières forces de la nature,* par Eug. LAVAUX, un vol. in-18.   » 50

Conseils à l'émigrant aux États-Unis de l'Amérique du Nord, par VICTOR VAN HAX, chef de bureau au ministère de l'intérieur. In-18 de 100 pages, accompagné d'une carte détaillée de l'Amérique du Nord.   1 »

Loi organique de l'enseignement supérieur du 27 septembre 1835, modifiée par la loi du 15 juillet 1849. In-32.   » 25

Projet de loi concernant les jurys d'examen. — Observations critiques par le docteur Jules Tarlier, professeur ordinaire à la faculté des lettres de l'Université de Bruxelles. In-18.   » 75

De la propriété littéraire en Belgique et en France, recueil des actes officiels qui y ont rapport. In-8°.   » 75

Liste officielle des membres de l'ordre Léopold, depuis son institution jusqu'au 1er janvier 1854. In-8°.   3 »

LISTE ALPHABÉTIQUE

DES NOMS D'AUTEURS

Alcan (Michel).	20	Le Docte (Max.)	3, 4*, 6, 7
Bailly	21	Le Docte (Henri)	14, 15, 7
Baini (Adrien).	25	Lefebvre-Sainte-Marie.	1
Barchausen-des-Mariels.	21	Laisar.	2**
Baron (Aug.)	25	Legrand	1
Farral.	10, 11	Lelieur.	25
Basset (M.).	5	Lemaire.	20, 22, 25
Berléas (abbé).	15	Lesueux.	20
Bixio.	21	Lichor (J.)	25
Boitel.	22	Lindley (Jean.)	20
Brugnier.	4	Loisel.	25
Bujault (Jacques).	5*	Law (David).	14
Carrière.	9	Magin.	2
Chauvière.	22	Mailagie-Nonel	14
Clément.	5	Malpeyre.	23
Combes (Anach.)	10	Marchal (chev.).	24
Couriols-Gérard	24	Marchand.	22*, 25
Craronsan (Fl.)	24	Marini-Bidieux.	8, 10
Dampierre (de)	8	Martin de Neirieu (curé)	20
Daniel-d'Asment.	20	Morbien de Paubesie.	12
De Bavay.	22, 24	Miller-Robluci (Mme)	8**, 21, 22
Defiy (J.).	4, 5	Moreau.	21, 22
De Caisne.	10, 23	Morel.	21
Delayx.	5	Muller.	21
Dafrarière.	9	Neuman.	12
Deharain.	8	Nicklès.	8
De Massax.	8	Noirot.	25
De Moor.	6, 7	Paquet (V.)	14
Derive (Th.)	25*	Payen.	10
De Zeimeris.	19, 20	Ferry (baron).	
D'Omalius.	4	Pepin.	15, 17
Du Chartre.	23	Pichat.	21
Dumont.	4	Place (Ch.).	12
Dupont.	23	Poiteau.	15
Dupuis.	9	Payie.	12
Duvinage (A.).	5.	Riessd.	17
Fouquet.	5, 6	Rodigas.	5
Gasparin (comte de). 8*, 11, 14, 17, 21		Reemberg (A.).	7
Gatil de Gamand (Mme)	20	Rettermünd (comte W.)	14
Girardin.	20, 22	Reyer.	13, 14
Goëriz.	17	Saint-Venant (de).	1
Gohrey (de)	24**	Schauenburg.	23
Guillery.	25*	Schwetz.	13, 15
Hagne (F. F.).	21	Sirel (Ad.).	20**
Haxo.	10	Sovet.	4
Nerinoq.	19, 22	Stephens.	4
Heuschling.	14	Tarlier (H.).	14 15, 24 21
Husson.	8	Tarlier (J.).	20, 22
Jacques.	22	Thiar-Neuville (de).	2, 5
Joigneaux (P.). 5, 6, 13, 16		Toussaint (J.).	6, 7
Johnston.	4	Vanden Broeck (V.)	7, 17, 62
Kindt (J.).	22	Van Bam (V.).	23
Laveux (Eug.)	23	Van Mons.	14
Lavergne (de).	12	Villeroy.	5, 14, 15, 2
Leclerc (J. M. J.).	4, 5*	Vilmorin	15
Lenoteux.	20		

BRUXELLES. — TYPOGRAPHIE DE J. VANBUGGENHOUDT,

Rue de Schaerbeek 12.

BIBLIOTHÈQUE NATIONALE DE FRANCE
9 7531 01360305 6